周毅食品雕刻
糖艺篇

周毅 主编

编委会

顾　　问：王　龙　李明成
主　　编：周　毅
副 主 编：王　涛　戴　伟　葛德晓　李玉林　王　黎
　　　　　周启伟　马瑞玲　徐寅峰
美术指导：吴　雷　周伟忠　周美香　周后超
编　　委：李云星　曹永华　庞　杰　谢少鸿　蔡於平
　　　　　陈　龙　饶　聪　聂　鑫　魏钱柱　刘　凯
　　　　　阮智敏　何　磊　郑仙兴　马铭宏

中国纺织出版社

目录

盘头

4	熬糖工艺	24	椰岛风情	46	蘑菇王国
6	糖球制作工艺	25	菠萝草莓	47	农场一角
7	糖艺工具	25	掌定乾坤	48	农田
8	作者简介	25	缠缠绵绵	49	盆景
9	拥抱	26	蛋生	50	平安
10	一叶扁舟	27	冬日恋歌	51	苹果
11	生命之花	28	吉祥如意	52	葡萄架
12	康乃馨	29	雏菊	53	圣诞夜
14	秋日	30	奋发	54	食人花
15	热恋	31	蝴蝶兰	55	双鱼戏水
16	绿色玫瑰	32	君子兰	55	私家花园
17	小丑鱼	33	心心相印	56	荷塘月色
18	四季平安	34	迎客松	56	桃花扇
19	美丽心情	35	芝麻开花节节高	57	蜗牛
20	百年好合	36	竹子	58	物语盆栽
21	比翼双飞	37	默然绽放	59	夏日物语
22	花开时分	38	山茶	60	仙人掌
22	吉他	39	事事如意	61	登高望远
23	寻觅	40	水莲	61	曲线
23	樱桃	41	篱笆藤条	62	小雪人
24	鹦鹉	42	罗汉鱼	64	扇子
24	桃子	43	马蹄莲	65	生机盎然
		44	梅花三弄	66	活色生香
		45	蜜罐	66	烟花三月
				66	丛林小径

展台

67	鸟巢
68	暗夜精灵
70	长相厮守
72	福禄一生
74	疯狂的企鹅
77	公鸡
82	国粹
84	果篮鹦鹉
86	功夫鳄
89	花团锦簇
92	化身
94	极乐鸟
97	精灵之舞
102	降龙十八掌
104	硕果累累
107	跨虎归山
110	睡美人
112	人鱼公主
114	苗寨龙珠
117	年年有余
120	深林精灵
122	情深深雨蒙蒙
125	秋日私语
128	俏皮兔
130	收获
133	寿星
136	生命之源
138	虾趣
141	亚特兰蒂斯
144	梦幻森林
146	思念
148	甜蜜生活
149	顽皮刺猬
153	乾坤
154	月光女神
156	恋
159	女人花
160	悠然自得
163	中国龙
164	浴火重生
166	玉兰孔雀
170	月宫

手绘稿

176	苗寨龙珠
179	浴火重生
187	女人花

拉糖
将柔软的糖反复拉伸叠加使空气进入，表现出如丝绸般光泽的糖体。材料是白砂糖加水、麦芽糖、酒石酸等材料。我们一般用更简单的办法即使用珍珠糖。

流糖
将熬好的糖倒入模具中冷却后形成如玻璃般透明、闪耀钻石般光芒的糖体。糖体的造型随模具改变，模具的品种多样化，最近的主流是以珍珠糖来制作。

吹糖
利用气囊或口将空气吹入糖体内，使糖体获得延展或延伸。一般多用于制作水果造型、延伸的糖管或是卡通形象等需要外形较大又要减少用糖、减轻重量的作品上。

流糖线
煮好后的糖液从糖刀前方流下形成的线体。可以用手造型或是流在模型上形成我们意向中理想的形状，由于这种糖体有镂空感，简单并适合快速操作，非常适合用于盘饰和大型糖艺装饰。

熬糖工艺

周毅新浪博客：
http://blog.sina.com.cn/u/2156680472

1 将绵白糖倒入水锅中加热到沸腾。

2 向沸腾的糖浆中加入麦芽糖。

3 将沸腾的糖液表面的浮沫打掉，这样可以使熬好的糖液更加透明。

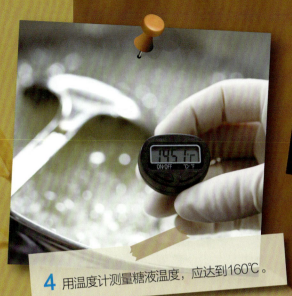

4 用温度计测量糖液温度，应达到160℃。

珍珠糖体A

具有柔软并慢慢凝固的特点，主要用于制作糖丝线，将珍珠糖加入盛水的锅中煮至158℃即可。

珍珠糖…………1000克
矿泉水…………200克

塔塔粉

主要用于调节糖体透明感及柔软度，糖体的色泽以及具有增强糖体抗氧化能力提高糖体光泽的作用。

珍珠糖体B

想要呈现良好的透明部分必须选择的糖体，主要用于色泽明亮的支架，糖可加温到170~180℃之间。

珍珠糖…………1350克
矿泉水…………270克
塔塔粉…适量

5 将调好的酒石酸溶液加入糖液中并迅速搅匀，这样糖液会变得微微透明（酒石酸与塔塔粉的作用大体相同，但由于酒石酸具有不易结块的特点，因此更受糖王周毅大师的青睐）。

绵白糖糖体A

拉糖用。糖加温到160℃即发生焦化反应。

绵白糖…………1000克
矿泉水…………270克
麦芽糖…………350克
塔塔粉……适量

绵白糖黄金糖体B

拉糖用。糖可加温到180℃呈现浓重的焦糖色，拉伸后具有黄金色泽。

绵白糖……………1000克
矿泉水……………270克
麦芽糖……350克
黄色素……………适量

6 向糖液中加入色素，以调制出心仪的颜色（此时放入色素可以最好地保持色素的活性）。

7 将熬好的糖液倒在不粘垫上，待糖凉后就可以装袋保存了。

糖球制作工艺

1 用透明胶带将糖艺球模捆绑固定好，并向内灌入一层透明糖体，然后将多余的糖体倒出，等待第一层透明糖体冷却。

2 加入85%的糖液并选定好要的颜色，颜色可根据作品的需要灵活调整，第二层糖体避免颜色太深，因为太深的颜色无法显示出足够的透明感，而且加有过多颜色的糖也会影响透明度。

3 用小刀将调成深色的糖体以垂直方式注入模具中，流入的速度要缓慢，这样可以产生分层，制作出不同颜色的糖球。

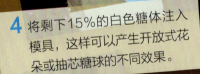

4 将剩下15%的白色糖体注入模具，这样可以产生开放式花朵或抽芯糖球的不同效果。

5 打开模具就可以分离出糖球了，但一定要凉透，否则糖球容易变形。

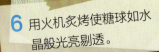

6 用火机炙烤使糖球如水晶般光亮剔透。

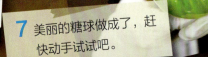

7 美丽的糖球做成了，赶快动手试试吧。

8 成品主图。

1 捻花刀 糖艺上主要用于眼睛、嘴巴等凹陷处的塑型，由于形状弯曲可处理直刀无法处理的地方。在面塑上主要用于花瓣边缘起伏的制作，需要配合专业的海绵板使用，借用海绵的柔软制作出大起伏的漂亮的花瓣边缘。

2 挑花棒 在糖艺和面塑上的使用方法基本一致，主要用于人物脸部、胸部或动物头部、腿部等需要弧形渐变处理的地方，刀前面的尖头可以挑出美丽的花边。

3 小挑花棒 同上。

4 阴阳磙 糖艺上主要用于制造凹陷，如眼睛或嘴巴等。面塑上使用这个工具的圆面结合专业的海绵板使用，可以将平面的原料做出弧度，比如荷花、玫瑰花及月季花的花瓣的内部窝度。使用这个工具的尖面可以钻出深洞便于剪花使用。

5 主刀 主要用于人物脸部五官及人物衣纹的制作。

6 小主刀 用法同上。只是用于处理更为细微的地方。

7 衣纹刀 用于人物细小部位衣纹的制作。

8 切刀 糖艺上用来压制纹路。面塑上主要用于切割面皮使用。

9 点塑刀 专门用于人物细微处的处理，如人物的下眼睑，人物的上下嘴唇，衣纹的夹褶。

10 压线刀 主要用于线条制作，如人物的头发、花瓣及叶片等的纹路制作。

11 宽线刀 主要用于两边有弧度的线条制作，以及利用刀上的齿轮将原料分界并用另一边碾压花瓣成型，也可用于花边的分界。

12 开眼刀 主要用于眼睛及双眼皮的制作。

13 扇形弧纹刀 主要用于齿痕花边制作，花瓣中间纹路的制作，以及衣服花边的制作。

14 镊子 安装小配件饰品用。

15 小开眼刀 主要用于人物面部的开眼和嘴部的上下分界，以及内容物的填入。

16 神笔 用于表面花纹的绘制及着色用。

17 隔离剂 糖艺上用于使糖与糖不粘连，或使手和面团不粘连。

18 小剪刀 用于人物手脚的分离使用。

19 水晶珠 面塑上用于露珠的制作。

20 压面板 面塑上用于搓面以及制作比较厚的面片。

21 面棍 面塑上用于薄如蝉翼的衣服制作。

22~24 小球刀（尺寸不同） 糖艺和面塑上都用于人物的嘴角、眼角、耳朵、小型衣纹夹褶的制作。

25 花带纸 面塑上同于花茎的制作。

26 珍珠刀 面塑上用于制作珍珠大小的小首饰。

27 中球刀 糖艺和面塑上都用于制作中型人物耳朵、胖人的脸部、嘴部弧度使用。

28 弧形挑边刀 糖艺和面塑上都用于直刀无法处理的地方制作花纹。

29 大号球刀 糖艺和面塑上都用于制作人物耳朵、胖人的脸部、嘴部弧度使用。

30 薄边磙 面塑上用于擀制人物衣边，以及制作薄的花瓣的边缘使用。

31 面塑防腐剂 可用于糖粉和面塑。

32 面塑不粘板 用于制作糖皮或面皮使用。

糖艺工具

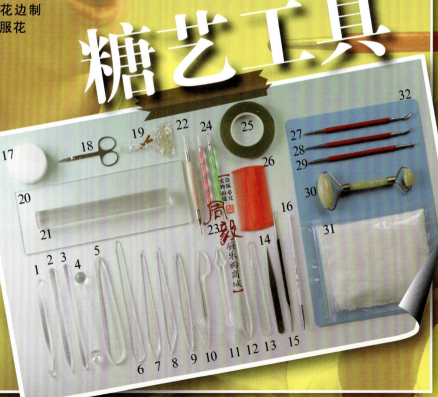

作者简介

葛德晓 Ge De Xiao
1989年出生，山东蓬莱人，2012年开始学习拉糖并深深地爱上了这门艺术。通过一年的磨练，现在已经是拉糖达人了，2013年参与周毅老师糖艺新书的出版，为本书副主编。

李玉林 Li Yu Lin
1992年出生，广西阳塑人，2012年开始学习拉糖艺术并痴迷于糖在手中的千变万化，它或可变化成鱼虫鸟兽，或可变化成庭院美景，或可变化成婀娜美人。2013年参与周毅老师糖艺新书的出版，为本书副主编。

戴伟 Dai Wei
1992年出生，江苏东台人，精通雕刻与糖艺两个不同学科的技法。糖艺和雕刻其实有很多相同之处，不过刚开始学习的时候并不是一帆风顺，每天都练习到很晚，如果不是当初的努力，大概就不会有今天娴熟的技能了，2013年参与周毅老师糖艺新书的出版，为本书副主编。

在你每天的生活旅途中，别忘了给他人一点赞美一些问候，这一小点温馨的火花一定会燃起友谊的火焰。我们旅途中遇见的每一个人，或多或少是我的老师，因为我从他们身上总能学到东西。

糖王周毅 Tang Wang Zhou Yi

盘头

Yongbao拥抱

1	2	3
4	5	

1 将红色糖体倒入大小不同的球模具中。
2 用刀将多余的糖切下。
3 绿色糖体搓圆,刷上果酱,撒上绿色的白砂糖。
4 将做好的蘑菇粘接在鹅卵石上。
5 将鹅卵石挨个粘接在盘子上。

Yiye Pianzhou 一叶扁舟

1	2	3
4	5	6
7	8	9
10	11	12

1 先将白色糖体折匀、拉薄。
2 再拉出长片。
3 用剪刀剪出花瓣的形状。
4 放入羽毛模具中压出纹路。
5 弯曲出花瓣的弧度。
6 用喷枪给花瓣上色。
7 用黄色糖体拉丝，做出花蕊粘接在花心上。
8 将花瓣粘接在花心上。
9 用酱汁刷在盘子上画出形状。
10 将做好的花粘接在小勺上。
11 将做好的叶子粘接在小勺上。
12 盘头特写。

生命之花 Shengming Zhihua

1 将绿色糖体灌入橡胶管中，定型后取出。
2 深绿色糖体拉条，粘接在竹节处。
3 用糖艺刀将竹节处塑出形状。
4 用粉红色糖体拉出长片。
5 糖片要拉尖，注意厚薄要均匀。
6 向上弯曲卷出花瓣。
7 将花瓣与花心粘接。
8 卷花瓣时要自然，不要都朝一个方向。
9 将做好的竹子与盘子粘接。
10 将做好的花粘接在竹子上。

糖王周毅 温馨提示

拉糖艺术最重要的就是糖体的光泽，经糖王调制出的糖体能延伸出珍珠般的光泽，或是犹如水晶般剔透，使得每个作品都光彩照人。可是仅糖体熬制这个小细节都要花费大量的精力和时间，我们必须考虑不同糖体在一个作品里所产生的作用然后区分使用，使每块糖体都物尽其用。

康乃馨 Kangnaixin

Kangnaixin

1~2 将黄色糖体拉出圆片，折出花瓣形状。
3 将两片花粘接一起。
4 做好的两朵花。
5 用两洞球模倒出空心的水晶球。
6 用绿色糖体拉丝，缠在水晶球上。
7 缠成圆形，拉丝时不能太粗，要均匀。
8 用魔术刷在盘子上刷出形状。
9 用小漏网将香草撒在盘子上。
10 将多余的香草倒掉。
11 将绿色的球与盘子粘接，树枝再与球粘接。
12 用牡丹花叶模压出叶子的形状。
13 将叶子粘接在树枝上。
14 将做好的花粘接在球体上。

Qiuri 秋日

1 白色糖体剪片，与红色糖体粘接。
2 再将糖体拉薄。
3 拉出薄片，厚薄均匀，速度要快。
4 用剪刀剪下糖片。
5 将叶子放入叶模具中压出形状。
6 用土黄色糖体塑出树枝，再用小球刀塑出树洞。
7 将做好的树枝粘接在小碗中。
8 用酱汁刷在盘子上刷上形状。
9 将叶子粘接在树枝上。

1 用红色糖体拉出圆片剪下。
2 将剪下的圆片卷出花心。
3 将做好的花瓣一层层粘接上。
4 粘接花瓣时要顺一个方向粘接。
5 将红色糖体拉丝，相互缠绕在一起。
6 支架粘接在盘子上，做好的花粘接在支架上。
7 用酱汁笔在盘子上画出形状。

1	2	3	4
5	6	7	

热恋 *Relian* *Relian*

Lvse Meigui 绿色玫瑰

1. 绿色糖体与气囊粘接吹圆，拉长弯好形状。
2. 将绿色糖体拉长对折，绿色4根、黄色2根、白色1根均匀摆好。
3. 将拉好的糖对折剪下粘接好。
4. 将彩带弯好形状。
5. 将玫瑰花粘接在底座上。
6. 将彩带与底座粘接。
7. 用酱汁刷在盘子上刷出形状。
8. 将彩色的小球撒在盘子上。

1	2	3
4	5	6
7	8	

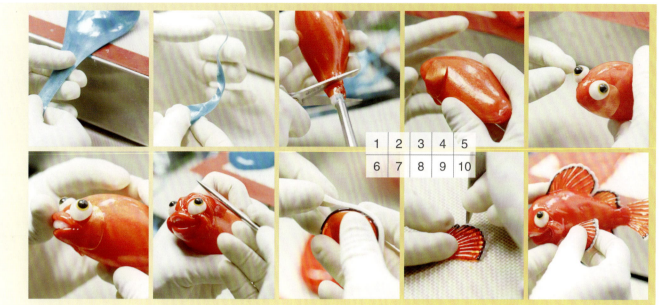

| 1 | 2 | 3 | 4 | 5 |
| 6 | 7 | 8 | 9 | 10 |

小丑鱼 Xiaochouyu

1 将蓝色糖体拉出长片，要底厚上面薄细。
2 塑出水草的形状。
3 橙色糖吹出鱼身，定好型后用剪刀将其剪下。
4 用橙色糖体拉片，剪下贴在鱼鳃部位。
5 将做好的眼睛粘接在鱼头部。
6 将牙齿贴在鱼嘴巴上。
7 用糖艺刀塑出鱼的上眼皮。
8 用橙色糖体拉出半圆形，再用黑色糖体拉丝粘接上，最后粘接白色糖。
9 用糖艺刀塑出鱼鳍的纹路。
10 将腹鳍粘接在腹部。

Siji Ping'an 四季平安

1 先将绿色糖体拉出长片,注意边上薄中间厚。
2 将拉好的糖片对折,先折两头。
3 将白色圆珠放绿色长片上,包入其中。
4 把白色圆珠与做好的四季豆粘接。
5 用绿色糖体拉出叶片,放入叶模具中压出形状。
6 用绿色糖体拉出圆片,用剪刀剪下。
7 将圆片弯出形状。
8 用酱汁笔在盘子上画出形状。
9 将四季豆与盘子粘接。
10 用蓝色糖体拉出长丝,弯曲好形状。
11 将蓝色的糖丝缠绕在透明糖上。

Meili Xinqing 美丽心情

1 用白色糖体拉出花瓣的大形,用蝴蝶兰叶模压出纹路。

2 用黄色糖体做出花心,将做好的小花瓣粘接在花心上。

3 再将大花瓣粘贴在花心上。

4 注意粘贴花瓣时要自然一些,要有层次。

5 用绿色糖体拉出扁长条,注意粗细长短要均匀。

6 将拉好的长条粘接在一起,做出花茎部分。

7 用酱汁笔在盘头部分画出形状。

8 用不同颜色的果酱笔画出颜色。

9 将做好的花茎粘接在盘子上。

10 将做好的花与花茎粘接。

11 特写。

1	2	3
4	5	6
7	8	9
10	11	

Bainian Haohe 百年好合

1. 先用透明色糖体做出个水滴形状，再挂上一层粉红色糖。
2. 趁糖软时拉出长丝。
3. 用白色糖体拉出花瓣，用荷花模具压出形状。
4. 将花瓣粘接在花蕊上。
5. 用模具倒出底座圆板。
6. 用1洞小水晶模具倒出水晶球。
7. 先将底座圆板与盘子粘接，再将水晶球与底座粘接。
8. 将荷叶与叶茎粘接。
9. 将粉红色水滴与水晶球粘接。
10. 将荷花与水晶球粘接。
11. 将做好的荷叶粘接在水晶球上。
12. 盘头局部特写。

1	2	3
4	5	6
7	8	9
10	11	12

Biyi Shuangfei 比翼双飞

1 将红色糖体倒入蝴蝶模具中，定型后取出。

2 将做好的圆片粘接在底座上。

3 将小花与底座粘接。

4 将蝴蝶粘接在圆片上。

5 用绿色糖体拉丝，弯好形状，粘接在底座上。

6 将小蘑菇粘接在底座上，香草撒在盘子上，把多余的香草擦掉。

1 将小花粘接在底座上。
2 将支架粘接在底座上。
3 用酱汁笔在盘子上画出形状。

花开时分

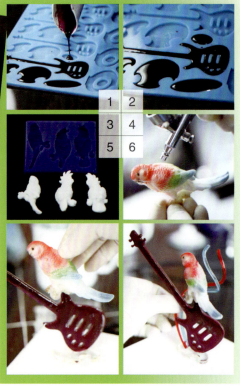

吉他

1 先将紫色糖体倒入模具中。
2 定型后取出。
3 将白色糖体倒入鸟模具中定型后取出。
4 用喷枪给鹦鹉上色。
5 将吉他与盘子粘接，再将鹦鹉粘接在盘子上。
6 将拉好的彩条粘接在盘子上。

寻觅

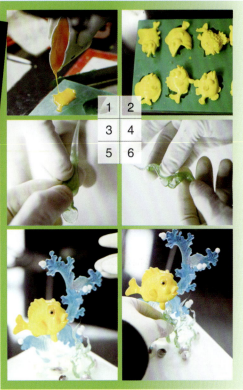

1 将黄色糖体倒入热带鱼模具中。
2 定型后取出。
3 用绿色糖体拉出长片，折出纹路。
4 弯好形状。
5 将水浪粘接在底座上，再将鱼粘接在水浪上。
6 将底座粘接在盘子上。

樱桃

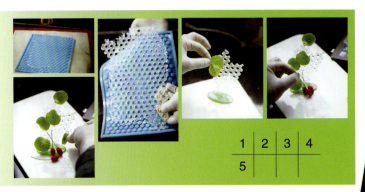

1 将透明糖体倒入模具中，用刮板刮平。
2 定型后取出。
3 将透明支架粘接在盘子上，再将绿色圆片粘接在支架上。
4 将小樱桃粘接在底座上。
5 将小叶子粘接在底座上。

1 将白色糖体倒入鹦鹉模具中，定型取出。
2 将香蕉粘接在底座上。
3 用喷枪给鹦鹉上色。
4 将鹦鹉粘接在香蕉上。
5 将卷好的彩带粘接在底座上，撒上稻谷。

鹦鹉

桃子

1 将红色糖体倒入圆环模具中，定型后取出。
2 将绿色支架粘接在圆环上。
3 用绿色糖缠绕在支架上。
4 将桃子粘接在支架上。
5 用粉色糖粉撒在盘子上。

椰岛风情 Yedao Fengqing

1 将透明糖体倒入模具中。
2 将定型的糖片取出。
3 将绿色糖体用小勺倒入模具中，定型后取出。
4 将做好的椰子树粘接在三角底板上。
5 将黄色糖体拉出长条弯好形状。用酱汁笔在盘子上画出形状。
6 再用不同颜色的酱汁笔画出果酱画。

1 | 2 | 3 | 4

1 将草莓挂上一层透明糖体。
2 将菠萝挂上一层透明糖体。
3 用透明糖体拉出粗细均匀的长条，弯出形状。
4 将草莓和菠萝粘接在盘子上。用小勺将咖啡色果酱淋在盘子上。

菠萝草莓

掌定乾坤

缠缠绵绵 *Chanchan Mianmian*

Dansheng 蛋生

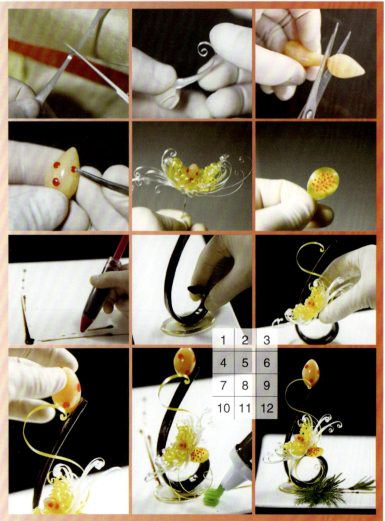

1 用白色糖体拉出长片，剪断。

2 将糖片卷曲起来。

3 用肉色糖体塑出鸡蛋的形状剪下。

4 用红色糖在鸡蛋上点出红点。

5 将卷曲好的糖片粘接在鸡蛋上，注意粘接时要自然。

6 将黄色糖体拉出圆片，用红色糖点出红点。

7 用果酱笔在盘子上画出形状。

8 将支架粘接在盘子上。

9 把做好的鸡蛋花粘接在支架上。

10 将做好的鸡蛋粘接在支架上。

11 用魔术枪裱出花边。

12 盘头局部特写。

Dongri liange 冬日恋歌

1 用4洞球模倒出红色水晶球。
2 做出黑色的支架，弯出形状。
3 用魔术刷在盘子上刷出形状。
4 用小漏网将香草均匀地撒在盘子上。
5 将多余的香草擦掉。
6 先将底座与水晶球粘接，再将树枝与支架粘接。
7 用球刀将粉红色的花瓣拉出，用黄色糖体做出花心，将粉红色糖体粘接在花心上。
8 将做好的梅花粘接在树枝上。
9 粘接梅花要有疏密，梅花不能粘的太多。
10 梅花特写。

Jixiang Ruyi 吉祥如意

1	2	3
4	5	6
7	8	9
10	11	12

1 用红色糖体包个圆窝。

2 粘接在气囊上吹气。

3 用糖艺刀压出西红柿的纹路。

4 用绿色糖体拉出长片。

5 用剪刀斜剪出西红柿的叶子。

6 将叶子弯出形状。

7 将西红柿粘接在盘子上。

8 将叶子粘接在西红柿上。

9 用绿色糖体拉出长丝。

10 弯出形状做西红柿的茎。

11 将叶茎粘接在西红柿上。

12 用酱汁笔在盘子上画出形状。

Chuju 雏菊

1	2	3
4	5	6
7	8	

1 用黄色糖体做出小花心。

2 用糖粉擀出长片，将多余的糖粉切掉。

3 将糖粉折叠，在折叠处用圆柱塑刀定好型。

4 将做好的底座粘接在盘子上。

5 用酱汁笔在盘子上画好形状。

6 将做好的花与底座粘接。

7 用绿色糖体拉丝，弯好形状，粘接在底座上。

8 将叶子粘接在底座上。

奋发 Fenfa

1 将紫色糖体倒入橡皮管中，定型后取出。
2 用紫色糖体缠在竹节处，用糖艺刀压出印痕。
3 用火枪微烤一下，塑好竹节。
4 用紫色糖体拉丝，缠在圆锥上。
5 定型后取出。
6 用红色糖体搓圆，用圆锥插个眼做出樱桃。
7 将做好的藤丝粘接在盘子上。
8 将小黄瓜和樱桃粘接上。
9 用酱汁笔在盘子上画出形状。
10 用粉印模具喷出小花。

Hudielan 蝴蝶兰

1	2	3
4	5	6
7	8	9

1 将奶黄色糖体拉出圆片。
2 用剪刀剪出花瓣的大形。
3 用扁形叶模压出花瓣形状。
4 将花瓣粘接在花茎上。
5 将紫色的花瓣粘接上。
6 用酱汁笔挤出果酱。
7 用果酱刮板刮出花纹。
8 将花粘接在小杯子中。
9 将小叶子粘接在枝上。

Junzilan 君子兰

1	2	3
4	5	8
6	7	

1 将绿色糖体拉出叶子的形状，用牡丹花叶模压出纹路。
2 用喷枪给花瓣上色。
3 将花瓣粘接在花心上。
4 将做好的花与盘子粘接上。
5 将叶子与圆球粘接。
6 将鹅卵石与盘子粘接。
7 把花瓣撒在盘子上。
8 盘头特写。

Xinxin Xiangyin 心心相印

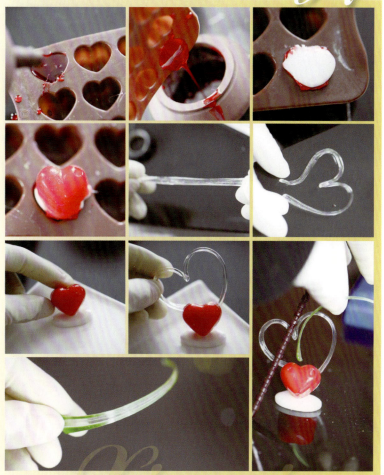

1	2	3
4	5	6
7	8	10
9		

1 用魔术壶将红色糖体倒入心形模具中。

2 将多余的糖体倒出。

3 将白色糖体倒入模具中。

4 定型后取出。

5 将透明糖体拉条。

6 将中间捏尖两边弯曲，弯成心形。

7 将红心粘接在底座上。

8 将心形糖体粘接在底座上。

9 将绿色糖体拉成细长叶片。

10 绿叶粘上。

Yingkesong 迎客松

1 将熬制好的黑色糖液浇灌到柱形模具中。

2 待糖体温度降低后，取出并及时进行定型处理。

3 将绿色糖体拉成丝。

4 将糖丝分成小段。

5 将分好的糖丝用酒精灯加热后粘接在一起，形成松树的叶片。

6 用酱汁笔在盘子上点缀果酱。

7 用球刀做好的树枝粘接到支架上。

8 做好的叶片粘接在树枝上。

9 用魔术枪将土豆泥点缀在周围。

Zima Kaihua Jiejiegao 芝麻开花节节高

1. 将咖啡色果酱挤在盘子上。
2. 用果酱刮板在盘子上刮出形状。
3. 先用黑色糖做出树枝，再用红色素将芝麻染成红色，用酱汁在树枝上刷一下，将芝麻撒在树枝上。
4. 将做好的树枝粘接在盘子上。
5. 用黄色糖体拉片，剪下放入叶模具中压出形状。
6. 将叶子粘接在盘子上。
7. 盘头特写。

Zhuzi 竹子

1 将绿色糖灌入橡胶管中弯好形状定型后取出，用绿色糖体拉片贴在竹节处。
2 用糖艺刀塑出竹节。
3 用糖艺刀塑出竹节的印痕。
4 用绿色糖对折多次。
5 拉出叶子的形状。
6 弯曲出叶子的自然感。
7 做好的竹子、叶子。
8 用毛笔蘸上果酱在盘子上画出竹节和竹叶。
9 将做好的竹子粘接在盘子上。
10 将叶子粘接在竹子上。

Zise Xiaohua

Anran Zhanfang 默然绽放

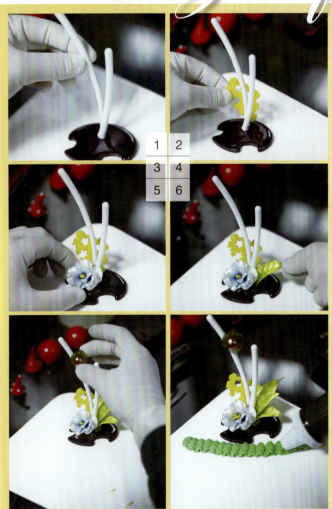

1 将白色支架粘接在底座上。
2 将黄色糖片粘接在支架上。
3 将小花粘接在底座上。
4 做好的叶子粘接在底座上。
5 将红色小气泡粘接在支架上。
6 用魔法枪将调好的土豆粉挤出，形成漂亮的裱花，在裱花的表面还可以增加花草的点缀。

Shancha 山茶

1	2	3
4	5	6
7		
8	9	

1 用白色糖体拉出花瓣形状，再用荷花模具压出纹路。
2 将花蕊粘接在花心上。
3 用黄色糖体搓出椭圆形，再用果酱刷将果酱刷在糖体上。
4 将香草撒在糖体上。
5 要裹匀。
6 将做好的花瓣层层粘接上。
7 用绿色糖体拉出叶子，用叶模压出形状。
8 将叶子粘接在树枝上。
9 茶花局部特写。

事事如意 Shishi Ruyi

1 用绿色糖体拉条，做出枝干。
2 用绿色糖体拉片，做出叶子。
3 将做好的叶子粘接在枝干上。
4 用气囊将红色糖吹圆。
5 用糖艺刀在圆球上戳个窝。
6 用绿色糖体做出柿柄粘接上。
7 再将瓶子粘接在盘子上。

Shuilian 水莲

1 用泡沫做出个椭圆的底胚，再将糖粉擀薄包在底胚上。
2 用月球模具在圆球上压出凹凸不平的形状。
3 绿色糖体拉片，放荷叶模具中压出形状。
4 白色糖体拉片，放牵牛花模具中压出形状。
5 黄色糖体拉丝，做出花蕊。
6 用上色机给花瓣上色。
7 用绿色糖体拉片，做出花叶，粘接在花瓣下。
8 用模具倒出圆片做成底座。
9 将花粘在蛋壳内。
10 用绿色糖将细铁丝包裹均匀。
11 将荷叶粘接在蛋壳内。
12 用酱汁笔在盘子上画出形状。

Liba Zengtiao 篱笆藤条

1	2	3
4	5	6
7		
8	9	

1 先将糖粉擀薄，切成丝。

2 用糖粉丝编织出篱笆，弯好形状定型。

3 用绿色糖体做出藤条，与篱笆粘接。

4 用绿色糖体拉片，剪下放模具中。

5 将叶子压好形状取出。

6 花瓣粘接在花心上。

7 用黄色糖体做出花萼粘上。

8 将小花粘接在盘子上。

9 将稻米撒在盘子上。

Luohanyu 罗汉鱼

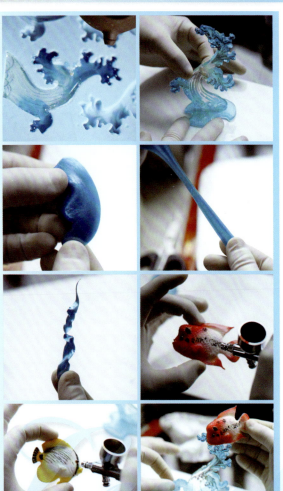

1	2
3	4
5	6
7	8

9 10

1 用魔术壶将糖体灌入水浪模具中，定型后取出。

2 将水浪粘接在底座上。

3 将蓝色糖体拉薄。

4 拉出长片，厚薄要均匀。

5 弯出水草的形状。

6 白色糖体倒入鱼模具中，定型后取出，用喷枪上色。

7 先喷黑色再喷黄色。

8 将罗汉鱼粘接在水浪上。

9 热带鱼粘接在水浪上。

10 将拉好的水草粘接在水浪后面。

马蹄莲 Matilian

1 将白色糖体拉薄。
2 拉出圆片，用剪刀斜剪。
3 弯出百合的形状。
4 绿色糖体拉丝，用剪刀剪断。
5 另一头拉尖。
6 将糖丝弯成枝干状。
7 做好的花和枝干。
8 将花与枝干粘接。
9 支架与盘子粘接。

Meihua Sannong 梅花三弄

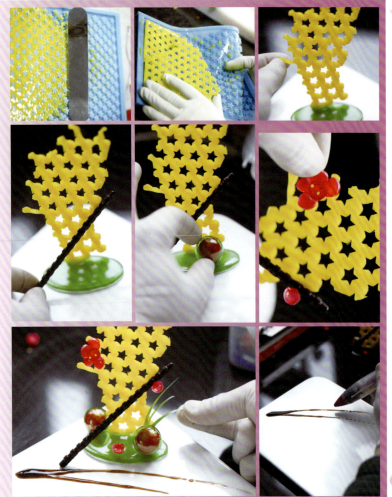

1	2	3
4	5	6
7	8	

1 将黄色糖体倒入模具中，用刮板刮平。

2 定型后取出。

3 将星星支架粘接在底座上。

4 将黑色糖棒粘接在底座上。

5 将红气泡与底座粘接。

6 将梅花粘接在星星支架上。

7 将小草粘接在底座上。

8 用酱汁笔在盘子上画出形状。

Miguan 蜜罐

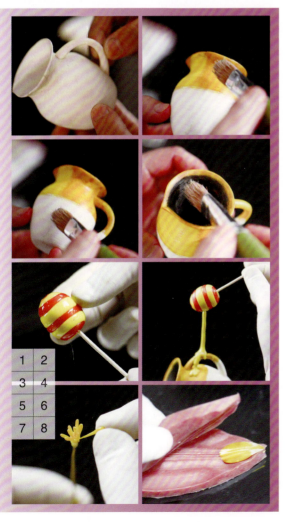

1 用糖粉做出罐子的形状。

2 毛刷在罐子颈部刷上黄色。

3 罐子下面刷上白色。

4 罐子内部刷上黑色。

5 将黄色糖体、红色糖体拉条，两条对拧出椭圆形。

6 将多余糖剪下，插上木棒。

7 用黄色糖体拉出花蕊，粘在花心上。

8 用黄色糖体拉片，放在叶模具中按压出形状。

9 将花瓣粘接在花心上。

10 将做好的花粘接在蜜罐底部。

Mogu Wangguo 蘑菇王国

1 用白色糖体做出蘑菇的形状。
2 蘑菇挂上一层红色糖。
3 用绿色糖体做出圆片。
4 将白砂糖加绿色糖，均匀撒在圆片上。
5 用小漏网均匀地撒上香草。
6 将圆片与枝干粘接，然后再粘接在盘子上。
7 将做好的蘑菇与盘子粘接。

Nongchang Yijiao 农场一角

1 用肉色糖体吹出鸡蛋的形状。

2 定型后，将鸡蛋剪下塑好形状。

3 用橙黄色糖体塑出蛋黄的形状。

4 用透明糖体做出蛋清的形状。

5 将蛋清与鸡蛋粘接。

6 用烘枪将鸡蛋与蛋清焊粘在一起。

7 用糖粉塑出木头，用喷枪上色。

8 将鸡蛋与盘子粘接。

9 木桩与盘子粘接。

10 将破壳鸡蛋粘接在树桩上。

11 将小米撒在盘子上。

Nongtian 农田

1	2
3	4
5	6
7	8

1 用黄色糖体做出椭圆形。

2 裹上一层红色糖。

3 先用白色糖体吹出萝卜的底胚，再用红色糖体拉丝缠在萝卜上。

4 颜色做成由红到白的渐变色。

5 用白色糖体做出萝卜的根。

6 魔术壶内加入绿色糖体，在不粘垫上挤出形状。

7 用绿色糖体吹出萝卜的叶子。

8 将叶子粘接在萝卜上。

9 将萝卜粘接在底座上。

Pengjing 盆景

1 用红色糖体拉片，剪出花瓣大形。
2 用叶模压出形状。
3 用黑色糖粉在模具中滚压出花纹形状。
4 将糖片卷出造型。
5 将绿色的枝干与底座粘接。
6 将花瓣与枝干粘接。
7 将花蕊粘接在花瓣上。
8 用酱汁笔在盘子上画出形状。

Ping an
平安 Ping'an

1 将白色糖体倒入橡皮管中，把多余的糖倒出。
2 定型后将糖管取出。
3 用烘枪烘软一头，吹出瓶子的形状。
4 将多余的糖体切掉。
5 用小球刀塑出瓶口处。
6 将花瓣粘接在花心上。
7 做出花的渐变色。
8 用铁丝裹上绿色糖体，做出枝干。
9 用绿色糖体拉出圆片。
10 用荷叶模具压出形状。
11 将荷叶与枝干粘接。
12 先把花瓶粘接在盘子上，再将荷叶与花瓶粘接。

Pingguo苹果

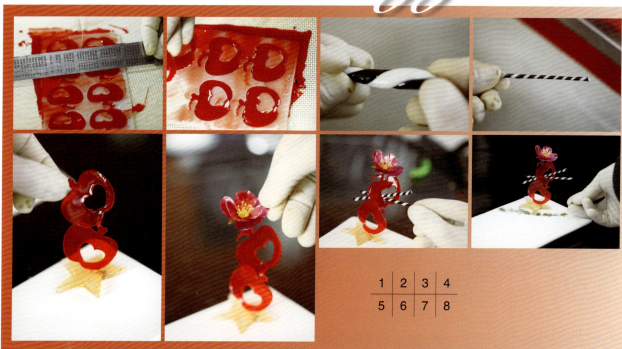

| 1 | 2 | 3 | 4 |
| 5 | 6 | 7 | 8 |

1 将红色糖体倒入苹果模具中，用刮板刮平。
2 定型后取出。
3 白色糖体、黑色糖体分别拉条，拧在一起。
4 做出黑白相间的细棍。
5 将苹果粘接在底座上。
6 将小花粘接在苹果上。
7 细棍粘接在苹果上。
8 将香草均匀地撒在盘子上。

Putao Jia 葡萄架

1	2
3	4
5	6

1 魔术壶中加紫色糖体，倒入葡萄模具中。
2 魔术壶中放绿色糖体，倒入模具中做出葡萄架子。
3 将葡萄架与盘子粘接。
4 将葡萄粘接在葡萄架上。
5 用绿色糖体拉丝，粘接在葡萄上。
6 用绿色糖体做出叶子，粘接在葡萄上。

Shengdanye 圣诞夜

1	2	3
4	5	6
7	8	9
10	11	12

1 用9洞球模倒出红色水晶球。

2 用绿色糖体拉片。

3 用剪刀斜剪下糖片。

4 将叶子放在叶模具中，压出形状。

5 用红色糖体拉出长片，用剪刀均匀剪下长片。

6 将红色长片弯出形状。

7 折叠出蝴蝶结形状。

8 用黄色糖体做出小圆柱，粘接在红球上。

9 将红色蝴蝶结粘接在圆球上。

10 用红色糖体拉出小圆球并剪下。

11 将叶子粘接在蝴蝶结上。

12 将小彩球撒在盘子上。

Shirenhua 食人花

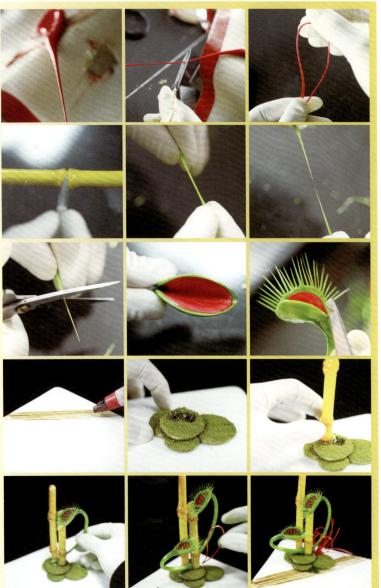

1	2	3
4	5	6
7	8	9
10	11	12
13	14	15

1 用红色糖体拉丝。

2 用剪刀将其剪下。

3 将糖丝弯出形状。

4 用黄色糖体倒入模具中，定型取出，用糖艺刀塑出竹节形状。

5 用绿色糖体拉丝。

6 拉出丝尖。

7 将多余的糖剪下。

8 用红色糖体、绿色糖体分别拉圆片，重叠对折。

9 将拉好的丝粘接在边缘上。

10 将酱汁刷在盘子上画出形状。

11 将底座粘接在盘子上。

12 将竹子粘接在底座上。

13 将食人花与底座粘接。

14 将红丝粘接在底座上。

15 特写。

私家花园

Sijia Huayuan

双鱼戏水

Shuangyu Xishui

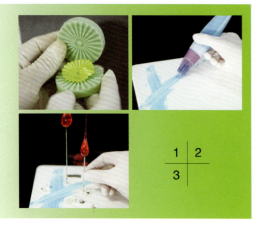

1	2
3	

1 用绿色糖体拉出圆片，用模具压出纹路。
2 用果酱刷在盘子上刷出形状。
3 将做好的圆锥与盘子粘接上。

荷塘月色

桃花扇

1
2
3
4
6	5

1 将红色糖体倒入扇形模具中，定型后取出。
2 红色糖体倒入模具中，定型后取出。
3 扇子与盘子粘接。
4 用黄色糖体拉出圆片做出花瓣。
5 将做好的花瓣粘接好。
6 用黄色糖体做出花心粘接上。

Woniu蜗牛

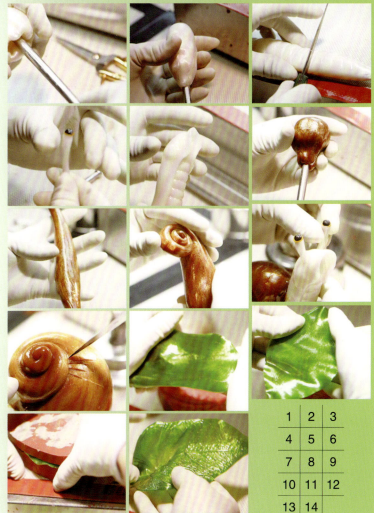

1 将白色糖体塑出圆形,与气囊粘接,注意糖的温度要均匀。
2 用气囊慢慢打气,一边打气一边将糖拉长。
3 用塑刀在糖体上压出印痕,塑出蜗牛的肚子。
4 用白色糖体拉出蜗牛的眼睛,并镶上仿真眼。
5 用白色糖体拉片,粘接在头部,塑出脸颊及嘴巴。
6 用咖啡色糖体吹出圆球。
7 将咖啡色圆球拉长,前面尖点,注意厚薄要均匀。
8 将拉长的糖从尖到粗卷曲。
9 两只眼睛装上。
10 卷好后用塑刀将蜗牛壳底部塑好形状。
11 用绿色糖拉出大片。
12 拉出叶子的形状,注意厚薄均匀。
13 用叶模具压出纹路。
14 将叶子塑好形状。

Wuyu Penzai 物语盆栽

1	2	3
4	5	6

7

8

1 先用黄色糖体拉丝，做出花心。

2 将花瓣粘接在花心上。

3 花瓣粘接时要自然，一般一朵有5个花瓣。

4 做好的花苞粘在底座上。

5 将做好的叶子粘接在底座上。

6 用咖啡色酱汁笔在盘子上画出形状。

7 用绿色酱汁笔补充色彩。

8 盘头局部特写。

Xiari Wuyu 夏日物语

1 黄色糖体、白色糖体各拉出小块糖条。
2 把两种颜色的糖交错拧一下。
3 揉成圆形，做出鹅卵石的形状。
4 将做好的花粘接在小勺上。
5 用酱汁笔在盘子上画出形状。
6 花叶依次粘上。

Xianrenzhang 仙人掌

1	2
3	4
5	6
7	8

1 用绿色糖体搓出椭圆形，逐个粘接做出仙人掌。

2 用白色糖体加黄色素搅拌均匀做出沙子。

3 用小漏网将沙子均匀撒在盘子上。

4 将仙人掌粘接在盘子上。

5 用绿色糖体拉丝，做出仙人掌的针。

6 将绿色的针粘接在仙人掌上。

7 将做好的花与仙人掌粘接。

8 将小草插在沙漠上。

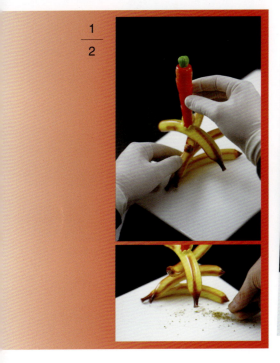

Denggao Wangyuan 登高望远

曲线

1 用红色糖体拉长丝，弯出形状。
2 将红色糖丝缠在圆锥上定型取下。
3 将两条糖丝粘接在一起。
4 将小花粘接在底部。

Xiaoxueren 小雪人

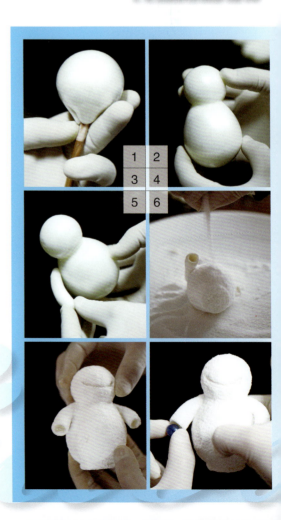

1 白色糖体用气囊吹出个圆球，定型后取下。
2 将吹好的一个大球与一个小球粘接，做出雪人的身体。
3 用白色糖体塑出雪人的胳膊，与身子粘接。
4 将白砂糖均匀地撒在小雪人的身子上。
5 将多余的白砂糖扫去。
6 用蓝色糖体做出雪人的手，与手臂粘接。
7 用黑色糖体做出眼睛，粘接在头上。
8 用肉色糖体做出嘴角，粘接在嘴巴上。
9 用橙红色糖体拉丝，对折拧出鼻子。

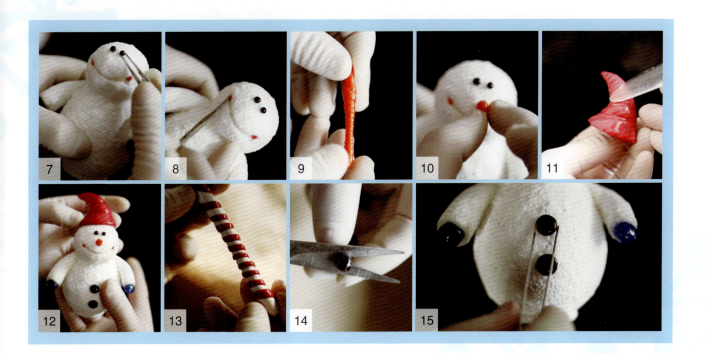

Xiaoxueren

10 将做好的鼻子粘接上。
11 用粉红色糖体做出雪人的帽子,用弧形刀塑出帽子的褶皱。
12 将帽子粘接上。
13 用白色糖体、红色糖体拉丝,拧在一起搓成条,做出帽沿。
14 黑色糖体剪圆压扁。
15 做出扣子粘接上。
16 将做好的帽沿粘接在帽子边缘上。
17 粉红色糖体拉条,围在脖子上。
18 塑出雪人围巾做出褶皱。
19 用小漏网将糖均匀撒在盘子上。
20 将做好的松针粘接在盘子上。

Shanzi 扇子

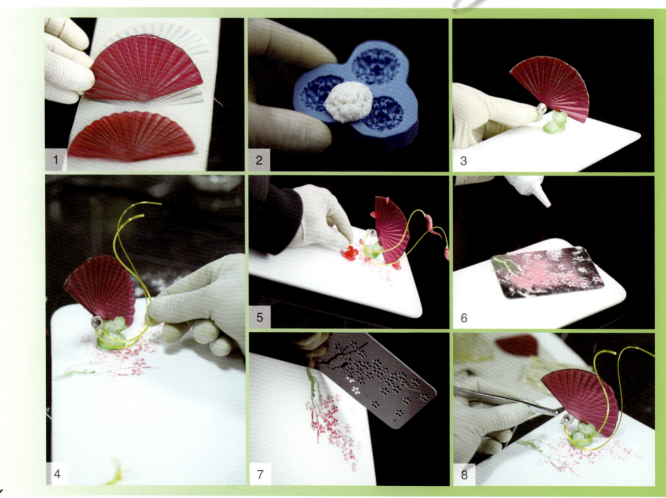

Shengji Aangran 生机盎然

1	2
3	4
5	6
7	

65

活色生香 Huose Shengxiang

烟花三月 Yanhua Sanyue

丛林小径 Conglin Xiaojing

暗夜精灵

太阳慢慢落下
深林的管辖权重新交回给暗夜的精灵们
现在他们就在深林的深处嬉戏
他们喝着果酒
围着神坛的火种舞蹈祈求平安与祥和
看他们正向你走来
邀请你一起加入舞蹈的行列

Anye Jingling

蓝色非常适合与黄色搭配，这样的配色方式特别适合制作对比强烈的作品。

————糖王周毅

Changxiang Sishou

Changxiang Sishou

1 用糖艺球刀定出眼睛的位置，并做出孔雀脸部轮廓。

2 把头部与身体粘在一起。

3 比一下孔雀的位置。

4 用白色糖体做出孔雀尾巴大形。

5 用火机使身体与尾巴焊粘在一起。

6 粘上孔雀舌头。

7 用切割枪切出羽毛纹路。

8 组装孔雀尾毛。

9 组装第二只孔雀。

10 组装尾毛特写。

Fulu Yisheng

糖王周毅
温馨提示

色素的品种形态，色素的品种一般有粉状，膏状，液状等3种形态。粉状色素用于喷粉累产品的使用，也可加水调整成液态使用。液态色素一般用于糖体的调色以及糖板的刷色。膏状色素主要用于喷画，因其粘稠的状态使得我们在喷画时比较容易调整色素的喷出量。

1 用面塑主刀定出鹿脸的位置及大小。

2 用大球刀压出鹿眼睛的位置及大小。

3 用弧形刀塑出鹿的下眼皮。

4 用面塑主刀塑出下眼包，注意糖的软硬。

5 先用黑色糖体拉丝，粘贴于下眼皮处，再用弧形刀将其塑好。

6 用小球刀把鹿的鼻孔挑出，注意由外向里挑。

7 用咖啡色糖体吹出鹿的脖子，再将头跟脖子粘接好。

8 用弧形刀塑出鹿脖子上的褶皱。

9 用肉色糖体拉出圆片，粘贴于鹿的耳朵内。

10 灵芝的特写。

11 将鹿的耳朵与头部粘接好，鹿的耳朵在眼睛后方。

12 将咖啡色色素注在喷枪内，均匀地喷在鹿角上。

13 将水晶球与底座粘接。

14 将空心支架与水晶球粘接，注意要牢固。

15 将做好的鹿与空心支架粘接好。

16 用绿色糖体拉片，放在叶模具上压好，粘贴在树枝上。

17 用红色糖体吹出若干气泡，粘贴在空心支架上。

自己调制的颜色在制作作品时更具有个性，有时我们会使用各种粉状色素来调配心仪的颜色，糖很怕水，所以如果要在糖体里加色素，通常会将色素先溶于酒精，但是绿色和蓝色、黑色例外，因为酒精会氧化导致颜色发生变化，所以这几种颜色使用90%的酒精和10%的水来进行调节，这样可以保证颜色的稳定，国产品牌色素是糖王周毅大师爱用的，因为色差很小，颜色艳丽。

糖王周毅 温馨提示

Fengkuang de Qie

1 塑出小丑鱼大形。

2 塑出小丑鱼眼部。

3 装饰小丑鱼鱼鳍。

4~5 给小丑鱼装上鱼鳍。

6~14 企鹅的制作过程。

15~16 用黑白糖体塑出企鹅翅膀。

17 用糖艺刀塑出企鹅羽毛。

18 头部特写。

19 企鹅脚特写。

该作品用不同的颜色表现了澳门赌场的生活
红色表示欲望
黄色表现金钱
绿色代表美元
还有各种赌场的物品
我不喜欢赌博
只是用艺术的手法来表现生活的一个片段

公鸡

Gongji

Gongji

33

34

35

36

37

38

1 用黄色糖体拉出公鸡嘴巴大形，注意公鸡嘴巴要中间厚边缘薄。
2 用热风机把嘴巴大形稍微预热一下，弯出公鸡嘴角的弧度。
3 在公鸡嘴壳上贴一小块黄色糖体，用弧纹刀做出公鸡鼻孔。
4 用红色糖体贴出公鸡眼眶与脸部肌肉。
5 用球刀定出公鸡眼睛的位置，用弧形刀做出公鸡脸部轮廓，再用月球模压出公鸡脸部肌肉纹路。
6 装上眼睛。
7 做好的鸡头。
8 用月球模压出鸡坠纹路。
9 塑出鸡坠形状，与鸡头连接。
10 塑出鸡冠的形状。
11 用月球模压出鸡冠纹路。
12 用烘枪把鸡冠与鸡头焊接在一起，用球刀塑出耳朵；用不锈钢三角刀划出鸡耳朵上细毛（注意用酒精灯烧一下三角刀，使三角刀发热划出鸡耳朵的羽毛）。
13 装上鸡翅膀。
14 用热吹风吹一下鸡脖，调节鸡头的位置。
15 用羽毛模具压出羽毛，装在翅膀上，注意拉糖时糖温要控制在快凉不凉的温度，这样拉出的羽毛才有光泽。
16 装第二层羽毛与第三层羽毛。
17 装尾巴的羽毛。
18 装上鸡爪，装上腿部和身体的羽毛。
19 装尾巴上的小羽毛。
20~21 装上鸡颈毛。
22 装鸡舌头。
23 装上鸡爪的趾甲。
24 使用装有肉色色素的喷笔喷出女人手臂的立体感。
25 用带有胶性的透明纸画出人物的形状，贴在糖粉上。
26 用美工刀在透明纸上切画出脸部的形状，取出脸部透明纸画，再用喷笔喷出脸部的立体感。
27 用美工刀在透明纸上画切出头饰的样子，取出头饰透明纸画，用喷笔喷上头饰的颜色。
28 画出眼睛的反光。
29 用带有胶性的透明纸刻出四叶草的形状。
30 贴在圆形糖板上。
31 将糖粉喷画装在支架上面。
32 用红色、橘红、黑色糖体拉出彩带。
33~35 用喷枪喷出扑克牌和筛子。
36 弯出彩带的形状组装彩带。
37 将吹好的糖管安装在糖板的后面。
38 女人头像特写。

京剧乃国之瑰宝
唱好中国戏
做好中国人

国粹

Guocui

1 用美工刀把透明胶垫切出支架形状。
2 把蓝色糖体倒入透明支架模里。
3 把红色糖体倒入两洞球模，冷却后取出。
4 用红色糖体加入蓝色糖体渐变成蓝色，拉出花瓣粘成花。
5 把拉好的蓝色、红色、白色糖烤化。
6 把蓝色、白色、红色糖拉成条，贴在一起。
7~8 把贴在一起的糖拉长，从中间剪成两段。反复三次，彩带就拉好了。
9 花特写。
10 用喷笔喷出飘带褶皱感。
11 用喷笔喷出脸部的起伏感。
12 人物特写。
13 用红色、白色糖体拉成条，粘在一起，搓成彩棒，粘在人物头上。
14 用月球模压树干纹路。
15 用球刀塑出树洞。
16 用糖粉梅花模压出梅花大形。
17 用阴阳磙把梅花花边做薄。
18 组装糖艺梅花。

Guolan Yingwu

Guolan Yingwu

糖王周毅 温馨提示

颜色的调配：一般颜色的调配多以7种颜色为主，红色、黄色、蓝色、白色、黑色、金色、银色。有了这7种颜色就可以调出您想要的各种颜色了，赶快试试吧。现在的色素颜色非常丰富，平时基本不需要做太多的调整。

我是功夫鳄鱼
在中国少林学成武功
绝学是天马流星锤
不要惹我
我会给你好看
呵呵开玩笑的
赶快模仿我的动作
加紧练练手艺吧
只要你坚持不懈一定会像我一样学业有成的

功夫鳄

Gongfr E

Gongfr E

1	2	3	4
5	6	7	8
9	10	11	12

1 做出鳄鱼头部大形。
2 用球刀定出眼睛位置。
3 用小球刀做出鳄鱼鼻孔，装上眼睛。
4 装上眼皮与眉毛。
5 用白色糖体做出下颚，然后贴一层粉红色的糖。
6 组装鳄鱼嘴。
7 装上舌头。
8 吹出身体并与头焊接在一起。
9 用弧形刀做出鳄鱼的腹甲。
10 装上鳄鱼前腿。
11 用绿色糖体贴出鳄鱼皮。
12 用弧形刀塑出鳄鱼前腿的褶皱感。

13 用弧形刀塑出后腿的褶皱感。
14 用糖粉做出箭尾毛。
15 用糖粉做出箭头。
16 把糖倒入橡皮管里，弯出箭身的形状，取出箭身。
17 组装底座。
18 组装糖艺花瓶。
19 组装竹子。
20 组装鳄鱼与铁球。
21~22 组装箭尾与箭头。
23 组装鳄鱼爪与趾甲。
24~27 组装花与彩带、双层气泡。
28 给蝴蝶安装触角。
29 特写。

花团锦簇

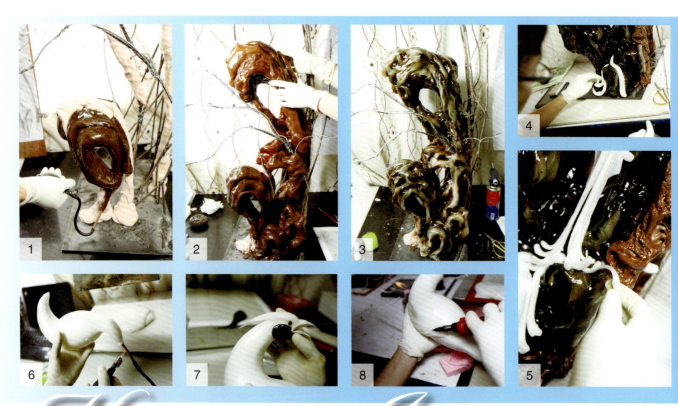

Huatuan Jincu

1~3 用废旧二手糖做出假山，喷上颜色并塑出纹路。

4~5 做出山洞下的水浪。

6 用糖吹出身体的形状。

7 用黑色糖体贴出脸部的肌肉，并装上眼睛。

8 用面塑主刀塑出身体的毛发，并用切割枪拉出细毛。

9 组装鸟身体。

10 塑出树枝。

11 做出竹子并组装鸟尾巴。

12 用羽毛模具压出侧毛的纹路。

13 用喷笔喷出侧毛的颜色并组装，再组装锦鸡腿。

14~17 粘接叶子、鸡爪、羽毛。

18 用白色糖体拉出锦鸡头瓴的细毛并组装。

19 粘接锦鸡脖子下方的羽毛。

20 用不锈钢三角刀划出脸部的细毛。

21 用喷笔喷出头瓴的颜色。

22 粘接花蕊。

23~25 拉出牡丹花的花瓣并用牡丹花模压出纹路。

26 用喷笔在花瓣的根部喷上黄色并组装牡丹花。

27~28 作品特写。

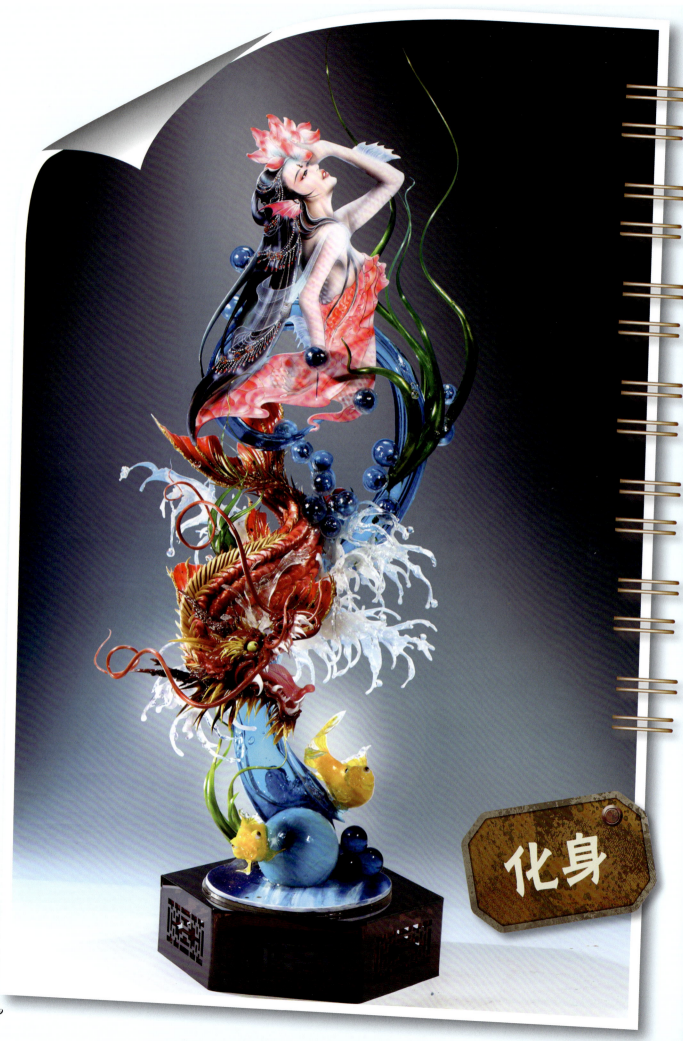

化身

1 用糖体塑出龙头的上颚，定出眼睛的位置。
2 用弧形刀做出鼻子。
3 粘上眼睛。
4 用面塑主刀塑出龙头轮廓。
5 用糖艺球刀定出牙齿位置。
6 用糖贴出牙龈。
7 贴上牙齿与舌头。
8 红色糖体用气囊吹出龙鱼身体。
9 粘上龙鱼耳朵。
10 用大鱼尾模具压出龙鱼鳍的褶皱。
11 用球刀塑出龙鱼鳍刺上的纹路。
12 组装龙鱼身体，贴出腹鳍、背鳍。
13 粘上尾巴。
14 粘上鳞片与龙鱼头。
15 用水浪模压出水浪。
16 组装水浪。
17 组装糖粉喷画。
18 组装水草。
19 组装气泡。
20 组装龙鱼须。

Jileniao

Jileniao

1	2
3	4
5	6

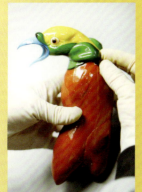

1 用黄色糖体和绿色糖体做出极乐鸟头部大形。

2 装上眼睛，再用弧形刀塑出眼睛周围轮廓。

3 装上嘴巴。

4 用面塑主刀加深眼睛周围轮廓。

5 用绿色糖体贴出脖子的肉坠。

6 用面塑主刀塑出鸟身上的毛发。

7 组装底座。

8 用烘枪焊接支架。

9 用喷笔加深树洞的颜色。

10 组装极乐鸟。

11 组装极乐鸟的尾巴。

12 用拉好的羽毛组装翅膀。

13 用糖做出蝴蝶身体。

14 用不粘透明纸画出蝴蝶翅膀的纹路并贴在糖粉上。

15 组装糖粉喷画。

16 用棉花糖机做出极乐鸟身体上的乳毛。

17 作品特写。

精灵之舞

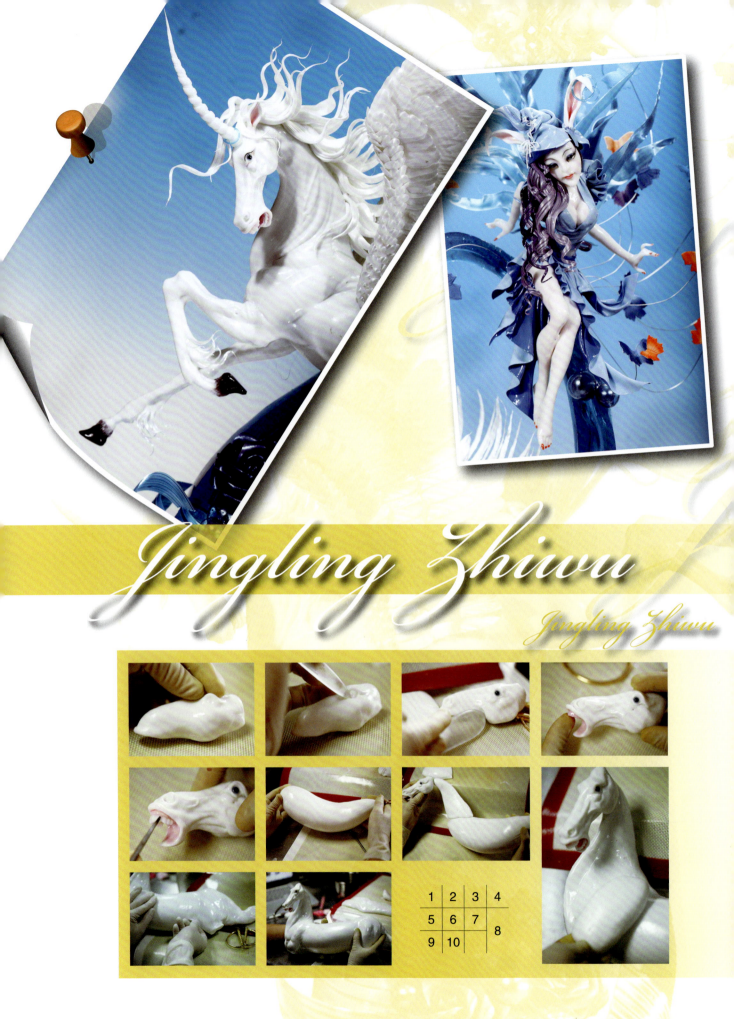

Jingling Zhiwu

Jingling Zhiwu

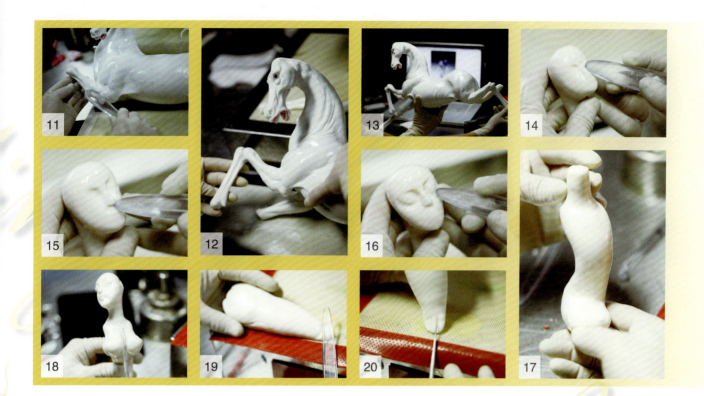

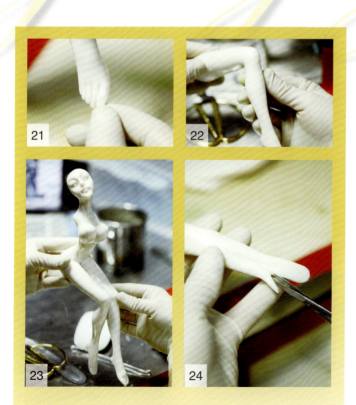

1 主刀塑出马头大形。
2 用弧形刀定出眼睛大小。
3 糖艺主刀塑出马脸部，装上眼睛。
4 用粉红色糖体塑出马的牙龈。
5 装上牙齿。
6 气囊打出马的身体。
7 定出马的脖子和身体部位。
8 给马装上肌肉。
9 马身的局部。
10~13 主刀塑出马前腿肌肉，细刻出马的前后蹄。
14~16 主刀塑出人物头部。
17~18 定出人物上身，用桃花棒塑出胸部。
19~23 点塑刀压出脚的形状；开眼刀切出每个脚趾的距离；塑出腿部；组装。
24~27 剪出手的大形，塑好手部组装起来。
28 用模具压出马的翅膀。

Jingling Zhiwu

29~31 彩带制作。

32 马的翅膀。

33 装好支架条。

34 固定好马的位置。

35 擀出衣服。

36 摺出衣纹。

37~42 给糖人穿衣服。

43 用圆锥形管制造出帽子。

44~45 给糖人戴上帽子、装上耳朵。

46~48 给马装上鬃毛和尾巴。

49 用糖艺刀切出马蹄上细毛。

50 用模具压出蝴蝶。

51 给蝴蝶上色。

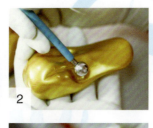

1 将糖团的前部拉长。

2 用球刀定出龙头眼部的凹度，以便后期安装眼睛。

3 用开眼刀压出龙头的眉头。

4 用球刀将龙头部嘴唇的起伏度做出。

5 给龙头安装眼睛，并用开眼刀挤压出龙的眉头。

6 给龙头安装鼻子。

7 用球刀将龙的鼻子挑出，注意龙的鼻孔应该大些。

8 给龙头粘上脸部肌肉。

9 用球刀推出龙的下嘴唇。

10 给龙的嘴里粘上红色糖片做出口腔。

11 给做好的龙爪粘接趾甲。

12 给龙脚趾粘接上鳞片。

13 用糖皮做出书的封面和内页。

14 将糖皮破开，并加以翻卷以表达书本破裂的状态。

15 塑出书本被抓破的痕迹。

16 将龙头和身体进行粘接，身体从书本的破洞中接出。

17 给龙的身体粘接上腹甲。

18 将龙爪和身体结合。

19 用糖粉制作出撕破的书页。

20 给龙头装上须发，注意做出飘逸感。

21 局部特写。

硕果累累

Shuoguo Leilei

1 用糖拉出上颚和下颚，焊接在一起（注意鸟嘴要中间厚边缘薄）。
2 用黄色糖体吹出鸟身体。
3 用黑色糖体贴出鸟头部的黑色。
4 装上鸟嘴、定出眼睛的位置。
5 用弧形刀做出额头的轮廓。
6 用黄色糖体拉出翅膀大形。
7 做出另一只翅膀的大形。
8 用白色糖体拉出羽毛的样子。
9 用羽毛模具压出羽毛的纹路。

10 用橙色糖体吹出鬼脸橙子的形状与嘴巴。
11 用球刀定出眼睛的位置并装上眼睛，再做出脸部肌肉。
12 用弧形刀塑出眼睛的轮廓。
13 贴上鼻子。
14 用羽毛贴出翅膀并用面塑主刀塑出翅膀羽毛的大形，再用三角刀划出细毛。
15 用橙色糖体吹出小橙子，再用铁丝网压出橙子的纹路。
16 组装橙子。
17 做出橙子裂开的感觉。
18 用烘枪焊接鬼脸橙子。
19 组装鸟。
20 组装叶子。
21 用黑色糖体做出鸟爪的形状。
22 组装鸟爪。

Kuahu Guishan

Kuahu Guishan

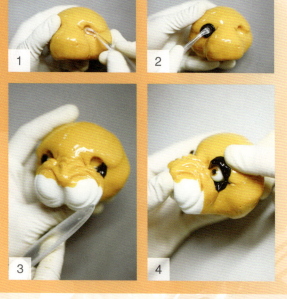

1 用捻花刀将老虎的眼睛部位塑出。
2 用黑色糖体拉片，粘贴在眼睛部位；用捻花刀将眼睛部位塑出凹槽。
3 用弧形刀将老虎脸部的褶皱纹路塑出。
4 用黑色糖体拉长片，粘贴在眼眉部位并塑好形状。

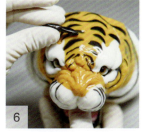

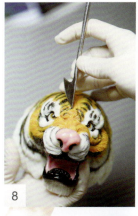

5 用肉粉色糖体拉长片，粘贴于口腔内部。

6 用黑色糖体拉长条，粘贴在老虎的头部。

7 用小球刀挑出鼻孔。

8 用糖艺刀在老虎头部拉出毛发。

9 先用糖吹出老虎的身子，然后将头与身子粘接。

10 侧面特写。

11 将做好的老虎固定在支架上。

12 做出人物的大形。

13 用桃花棒将人物的胸部分开。

14 挤压人物的胸部，使其丰满些。

15 将腿部与身体粘接，塑出臀部。

16 用面塑主刀将人物的腋窝塑出。

17 用黑色糖体拉丝，弯曲出头发粘接上。

18 将做好的人物粘接在老虎的背上。

19 用大球刀塑出假山的凹陷处。

20 假山特写。

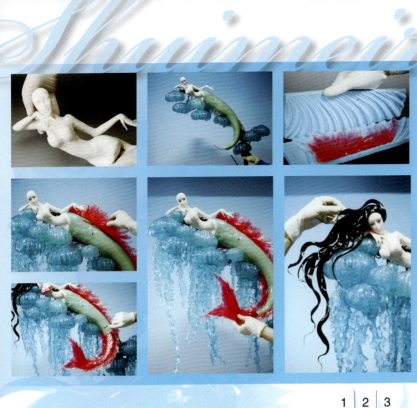

1	2	3
4		
7	5	6

Shuimeiren

8	
9	10

1 人物上身特写。
2 整体大形。
3 用模具压出鱼鳍。
4 给美人鱼装上鱼鳍。
5 装上鱼尾。
6 装上头发，要有飘逸的感觉。
7 装上鱼鳞。
8~10 局部特写。

Renyu Gongzhu

Renyu Gongzhu

1 喷出糖板中的鱼，再喷出绿色的水纹。

2 做出白色水纹。

3 糖粉画特写。

4 将透明蓝色糖体拉出长片，用鱼背鳍模具按压出形状，再用糖艺刀拉出纹路。

5 趁热将鱼鳍弯好形状。

6 将鱼鳍粘贴在美人鱼的尾巴上。

7 将拉好的鳞片用镊子粘贴在美人鱼的尾巴上。

8 荷花、荷叶特写。

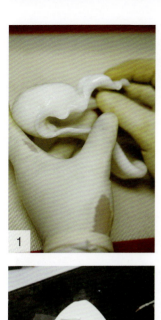

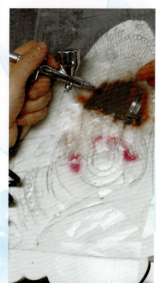

Miaozhai Longzhu

Miaozhai Longzhu

1 将龙的头部上颚拉出，弯出自然的形状。
2 用大球刀挑出嘴角部位。
3 用大球刀将龙嘴唇的翻卷塑出，注意翻卷要自然。
4 用弧形刀将龙的鼻翼塑出。
5 用中球刀将下颚嘴唇翻卷塑出。
6 用红色糖体将牙龈塑出，再用中号球刀压出牙槽、牙齿的位置。
7 用美工胶纸割出人物贴在糖板上，再用喷枪喷出人物的头发。
8 将喷好的地方盖好，再喷下个部位，注意喷色要均匀。
9 再喷手中的龙珠，注意喷枪的远近及角度。
10 用白色糖体拉出大片，放在月球模具中挤压取出，注意拉片要薄。

11 用白色糖体拉大片，放在叶模具中挤压取出。

12 饰品特写。

13~15 用喷枪在糖板喷出魔法阵。

16 用白色糖体拉出龙爪，粘贴在龙腿上并塑好形状。

17 用白色糖体拉出爪尖，粘贴在龙爪上。

18 用黑色素喷在龙爪的鳞片上。

19 先用糖塑出龙身体的形状，再将鳞片按由下往上的顺序贴上。

20 将做好的龙爪粘贴在龙的身体上。

21 用白色糖体拉长条，围绕在龙的身体上做出云的感觉。

22 由上往下做出云粘贴在主体上，粘贴时要自然。

23 用白色糖体拉出龙的毛发，粘贴在龙爪上。

24 用白色糖体拉出龙的背鳍，粘贴在龙的背部。

25 用白色糖体拉出龙的尾部毛发，弯曲出形状，粘贴在尾巴部位。

26 喷枪注入粉红色色素，给龙腹甲上色。

27 用喷枪给龙的头部上色，注意喷色要均匀。

28 用喷枪给水柱上色。

29 水晶球特写。

Niannian Youyu

Niannian Youyu

Niannian Youyu

1. 先将黄色糖体用气囊打气吹出圆形，注意糖的温度要均匀。
2. 将黄色糖体拉长，塑出鲤鱼的身子。
3. 将黄色糖体拉出圆形片并剪下，厚薄要均匀。
4. 将拉出的长片粘贴在鲤鱼的头部。
5. 将白色糖体搓成空心圆柱形，再把仿真眼镶上。
6. 用黄色糖体拉出长条，粘贴在头的上眼部。
7. 用面塑主刀塑出鲤鱼脸部的肉。
8. 用阴阳碌塑出鲤鱼上眼眶的凹陷部位。
9. 用白色糖体吹出半月形，粘贴于支架上。
10. 用黄色糖体拉出鲤鱼尾巴的形状，注意边薄中间厚。
11. 用鱼尾模具将鲤鱼的尾巴按压出形状。
12. 用鱼背鳍模具将鲤鱼的背鳍按压出形状。
13. 将背鳍弯曲出自然的形状，粘贴在身体的背部。
14. 将拉好的鱼鳞片按由下往上的顺序粘贴在鲤鱼的身体上。
15. 将做好的鲤鱼固定在水浪上。
16. 用喷枪给鲤鱼的头部上色。
17. 用白色糖体拉出圆片，放在牡丹花瓣模具中按压出形状。
18. 给花瓣上色，然后依次粘贴。
19. 粘贴时要注意花瓣的大小，慢慢打开。
20. 用白色糖体拉长，放在水浪模具中按压出形状。
21. 将做好的浪花粘接在水浪上。
22. 将做好的鲤鱼须粘贴在嘴部。
23. 将绿色糖体拉出长片，放在牡丹花叶模具中按压弯曲出叶子的形状。
24. 将做好的叶子粘贴在树枝上。
25. 将做好的鱼鳍粘贴在鲤鱼身上。

深林精灵

Shenlin Jingling

Shenlin Jingling

1 用弧形刀定出人物头部的三庭。
2 用弧形刀塑出鼻子及嘴部的大形。
3 用面塑小主刀将上嘴唇挑出。
4 用面塑主刀开出眼包。
5 用面塑主刀将胸部分开。
6 将手臂与身体粘接好。
7 大腿粘接上。
8 将臀部塑好形,固定好腿部形状。
9 白色糖体用气囊打气,吹出圆柱形,固定在底座上。
10 红色糖灌入9个洞的小球模具中。
11 用烘枪将红色的小水晶球烤亮。
12 白色糖体拉出圆柱形,做出蘑菇柄与蘑菇粘接。
13 将做好的蘑菇小片粘接在蘑菇下方。
14 将绿色糖体吹出草的形状,粘接在底座上。
15 将做好的精灵粘接在蘑菇上。
16 将绿色糖体均匀注入事先做好的模具中。
17 趁热将叶子弯曲好形状。
18 将做好的翅膀贴上美工贴纸,画出翅膀的花纹,喷上干胶,均匀地撒上白砂糖,然后将遮盖处撕下。

游丝般的细雨
透洗出葱郁和翠绿
从叶的缝隙里洒落
伴着轻风掠过竹林
让千竹枝共舞清影
跟随洞箫的空灵
踩着清丽缠绵的弦律
越过念念红尘

情深深雨蒙蒙

Qingshenshen Yumengmeng

1	2
3	4
5	6
7	8

Qingshenshen Yumengmeng

1 做出青蛙头部大形。
2 用塑刀压出鼻梁和眼睛的位置。
3 用球刀压出眼珠的大形。
4 塑刀压出脸部。
5 装上青蛙的2只眼睛。
6~8 制作出青蛙的嘴巴。

糖王周毅 温馨提示

珍珠糖熬制出来的糖体因为不易焦化，且强度高，所以特别适合制作要求透明度高的支架等，也非常适合调制冷色调的蓝色、紫色等颜色，所表现出来的是清爽的质感。

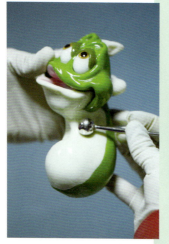

9	10	11	12
13	14	15/16	17
18	19	20	

9 白色和绿色糖体压出青蛙的身体。

10 用圆形球刀压出肚子。

11~15 青蛙脚制作流程。

16 水晶球特写。

17 装上支架。

18 小水晶球特写。

19 糖粉擀薄。

20 用模具压出荷花的叶子。

糖王周毅 温馨提示

红与绿数量上的完美搭配是糖王周毅大师最喜欢用的，巧妙的颜色配搭和场景布置宛若洞箫的悠扬伴你入梦。

Qiuri Siyu

Qiuri Siyu

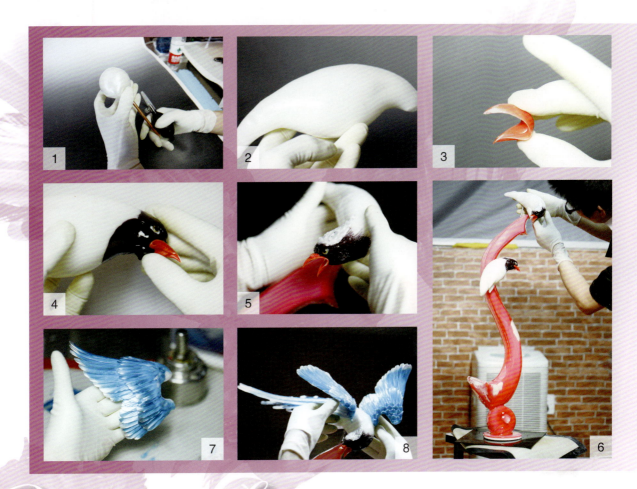

Qiuri Siyu

Qiuri Siyu

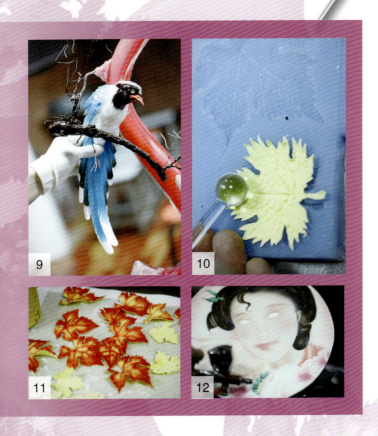

1 用白色糖体吹出圆球，慢慢打气。
2 一边打气一边塑出鸟的身子。
3 塑出鸟嘴，注意两边薄中间厚。
4 把鸟嘴与头粘接上。
5 粘贴鸟头上的羽毛。
6 把鸟粘接在空心支架上。
7 把羽毛粘贴在翅膀上。
8 把鸟翅膀与身子粘贴。
9 把鸟尾部的羽毛粘贴在尾巴上。
10 用阴阳磙塑出叶子的弧度。
11 用喷枪给叶子上色。
12 制作糖粉画。

1 用糖体吹出萝卜形状，用红色糖体拉丝缠在萝卜上。

2 粘贴上萝卜的叶子。

3 用球模具倒出个红色的水晶球，喷上干胶撒上白砂糖。

4 红色糖体拉出丝，弯好形状粘在水晶球上。

5 将做好的兔子眼睛粘贴好。

6 用弧形刀塑出兔子的鼻孔。

7 吹出兔子耳朵的形状，用肉色糖体拉出糖片粘贴上。

8 用糖体吹出兔子身体的形状，把兔子的头和身体粘接上。

9 用弧形刀塑出裤子上的褶皱。

10 用小球刀塑出肚脐眼。

11 用黄色糖体做出兔子的衣服。

12 将手臂与身子粘接上。

13 把耳朵与头粘接上。

14 水晶球固定好，再将支架与水晶球粘接，然后把做好的胡萝卜粘接在支架上。

15 把心里美萝卜粘接在支架上。

Shouhuo

1 用弧形刀开出松鼠嘴巴的大小。
2 用肉色糖体做出松鼠下巴、脸、眼睛、鼻子部位，塑好型并粘上。
3 用弧形刀挑出松鼠的嘴角。
4 用肉色糖体拉出相应大小的片，粘贴在上眼皮位置。
5 用弧形刀塑出眼睛的上眼皮。
6 用咖啡色糖体拉厚片，做出耳朵并粘贴上。
7 用咖啡色糖体做出鼻子并粘贴上。
8 用白色糖体做出牙齿，粉色糖体做出舌头，分别粘贴上。
9 用咖啡色糖体吹出松鼠身子的形状，与头部粘接上。
10 用拉线刀拉出松鼠头部和脸上的毛发。
11 用面塑主刀塑出松鼠身上毛发纹路。
12 用面塑主刀塑出松鼠尾巴上的毛发纹路。
13 将水晶球粘接在底座上。
14 先将空心支架粘接在水晶球上，再将树干与松鼠粘接在空心支架上。

Shouhuo

15 将做好的松果粘接在松鼠手上。

16 将做好的大松果粘接在空心支架上。

17 13根铁丝插在木板上形成圆形，再将绿色糖体拉丝，顺着一个方向缠在铁丝上，编织出篮子。

18 用糖粉梅花模具压出梅花大形。

19 再用糖艺梅花模具按压出梅花花瓣形状。

20 将底座用水彩笔刷色，将小栅栏用喷枪上色。

21 将做好的鹅卵石粘贴在底座上。

22 作品底座特写。

Shouxing

Shouxing

1	2
3	4

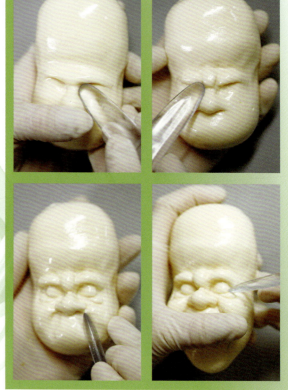

1 用主刀定出寿星眼睛的位置。
2 主刀塑出眼眶。
3 主刀定出嘴巴的位置。
4 开眼刀塑出眼睛。

   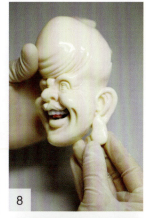

5 捻花刀塑出嘴巴的深浅。

6 主刀塑出下嘴唇。

7 弧纹刀压出头上的皱纹。

8 把耳垂与耳朵粘贴上。

9 用开眼刀把眼珠粘贴上。

10 用黑色糖体拉成细丝做出睫毛并粘贴上。

11 用白色、粉红色糖体分别拉成长条，粘在一起旋转成圆形。

12 用糖拉出花瓣粘贴在主胚上。

13 用水彩笔在盒子上刷上色彩。

14 用雪花模具压出雪花粘贴在盒子上。

15 把支架与水晶球粘接上。

16 人参与支架粘贴上，用绿色糖体拉丝，缠在交接处。

17 把寿星头固定在花上。

18 粘贴上寿星的眉毛。

生命之源

Shengming zh

Shengming zhiyuan

Shengming zhiyuan

1	2	3	4
5	6		
7	8		

1 水晶球与底座粘接好。

2 做好的竹子与支架粘接上，注意先后次序。

3 蘑菇柄粘接在蘑菇上。

4 绿色糖体拉出花的枝干，与支架粘接上，枝干粗细要均匀。

5 做好的花粘接在枝干上，粘接要自然。

6 用蓝色糖体倒入蝴蝶模具中，凉后取出。

7 翅膀烘烤一下放在蝴蝶模具上压一下取出。

8 做好的精灵粘贴在蘑菇上。

虾趣

Xiaqu

1 用铁丝编出虾篓的大形。

2 用咖啡色糖体拉条，粘贴在铁丝编的虾篓上。

3 用咖啡色糖体拉出两根长条，对搓围成圆形粘接在虾篓上口。

4 用咖啡色糖体拉出两根长条，对搓卷成圆形粘接在虾篓的底部。

5 用透明色糖体拉出虾的形状，头部用剪子剪出虾枪。

6 用透明色糖体拉出长片，做成虾壳由下往上贴好。

7 咖啡色色素倒入喷枪，均匀地喷在虾头部。

8 用透明色糖体烤化，放在虾的底部拉出虾脚。

9 用透明色糖体拉出长条做出眼睛，再将仿真眼镶在糖体上。

10 用透明色糖体拉出长片剪下。

11 将拉出的糖片放在蜻蜓翅膀模具中按压取出。

12 将做好的蜻蜓头与身子粘接上。

13 用喷枪给蜻蜓身上喷上红色，翅膀喷上黄色。

14 将白色糖体拉出厚薄均匀的荷花花瓣，放入荷花模具中按压取出。

15 用绿色透明糖体吹出花心，再剪出小糖粒粘接在花心上。

16 将做好的花瓣粘接在花心上。
17 由里往外粘接花瓣。
18 用绿色糖体拉出椭圆形糖片剪下。
19 将糖片放入荷叶模具中按压取出。
20 用桃花棒塑出荷叶边缘的凹陷处。
21 将虾粘在虾篓上。
22 将做好的荷叶与虾篓粘接好。
23 将白色糖体拉条，放入水浪模具中按压取出。
24 趁热将水浪的浪花拉出。
25 将做好的水浪粘接在虾篓下方。

Xiaqu

1 用黄色糖体塑出鹰的嘴巴。
2 鹰的头部特写。
3 做好的鹰身子粘接在支架上。
4 将做好的鹰头与身子粘接。
5 用白色糖体拉出飞羽，放入羽毛模具中按压取出，弯曲好形状粘接在鹰的翅膀处。
6 用白色糖体拉出小羽毛，放入羽毛模具中按压取出。
7 将做好的小羽毛粘接在飞羽后面。
8 将做好的腿部羽毛粘接在鹰腿部。
9 将做好的尖的羽毛粘接在鹰的脖子上。
10 鹰翅膀特写。
11 将画好的美女粘接在糖板上。
12 用喷枪喷出眼睛、嘴、脸等部位。

梦幻森林

Menghuan Senlin

Menghuan Senlin

Menghuan Senlin

1 先将树桩塑好，将烤软的糖塞入树桩内。
2 水晶球与树桩粘接上。
3 将塑好的环形树干粘接在空心支架上，粘接要牢固。
4 将做好的七星瓢虫粘接在树干上，注意空间要恰当。

Wanpi Ciwei

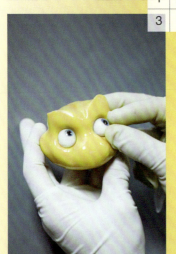

1 2
3 4

糖王周毅 温馨提示

制作流糖也就是我们常用的制作支架的糖体，流糖的透明度越高就越漂亮。要保证透明度我们必须注意以下几点：①糖体加色素的量决定了糖体的透明度，色素使用越少的糖体就越透明。②糖体在加入同样数量的色素后，糖体的厚度决定了糖体的透明度，糖体越薄则越透明。③造型时使用的胶垫必须能耐高温，做厚糖体的时候就要用4毫米厚的垫子。做薄的糖体使用2毫米厚的薄垫子。

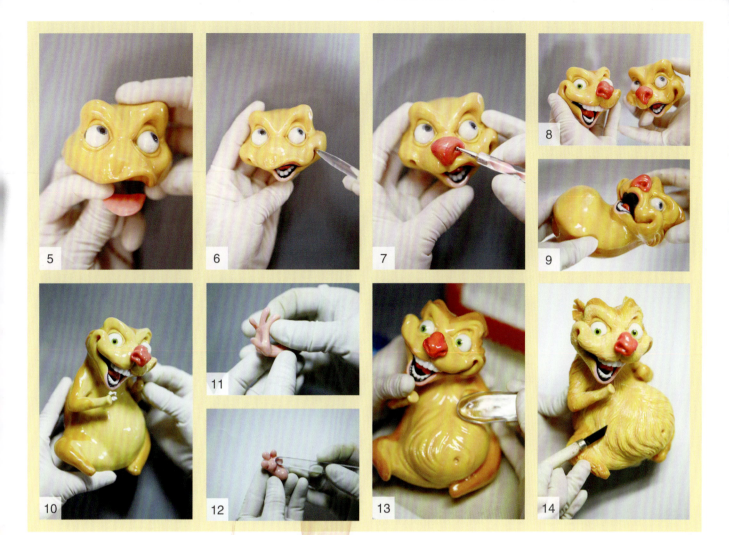

1 用阴阳碌将刺猬的眼睛定出位置。
2 用弧形刀将下眼眶及脸部的大形塑好。
3 将眼睛粘贴上。
4 用弧形刀将下眼皮塑出。
5 用肉红色糖体拉片，粘贴在上颚处。
6 用小桃花棒将刺猬的嘴角挑出。
7 用小球刀将刺猬的鼻孔挑出。
8 刺猬头部特写。
9 刺猬的头与身子粘贴好。
10 刺猬的手臂与身体粘贴好。
11 塑出手的形状。
12 用面塑小主刀将刺猬的脚心塑出。
13 用面塑主刀将刺猬身上的毛发塑出。

Wanpi Ciwei

糖王周毅 温馨提示

色素一般有粉状、膏状、液状等3种形态。粉状色素用于喷粉类产品的使用，也可加水调成液态使用。液态色素一般用于糖体的调色及糖板的刷色。膏状色素主要用于喷画，因其黏稠的特点，在喷画时较容易调整色素的喷出量。

14 用拉线刀拉出刺猬身上的毛发。
15 吹出半个苹果的形状。
16 用喷枪喷上颜色。
17 用弧形刀将西红柿的纹路塑出。
18 用弧形刀将柠檬头塑出形状。
19 用咖啡色糖体粘贴在南瓜的大头并塑好形状。
20 用气囊吹出芒果的形状。
21 用捻花刀压出南瓜籽粘接的地方。
22 用喷枪给芒果上色，注意颜色是渐变的。
23 用开眼刀将舌头粘贴在刺猬嘴巴内。
24 依次粘接上各种蔬果。
25 作品特写。

乾坤

月光女神

Yueguang Nvshen

1 给人物画上眉眼。
2 用烘枪把人物头像与身体粘接在一起。
3 用烘枪粘上大腿。
4 用淡蓝色糖体倒入透明支架模里，使支架模附上一层薄薄淡蓝色。
5 再倒入白色糖体，冷却后取出，粘在铁架上。
6 粘上人物的长衣摆。
7 粘上人物的胳膊。
8 粘上人物的上衣。

Yueguang Nvshen

1 做出鸟嘴。
2 用球刀定出鸟眼睛的位置。
3 用橘黄色糖体贴出鸟的脸部肌肉，再贴上眼睛。
4 用点塑刀开出鼻孔。

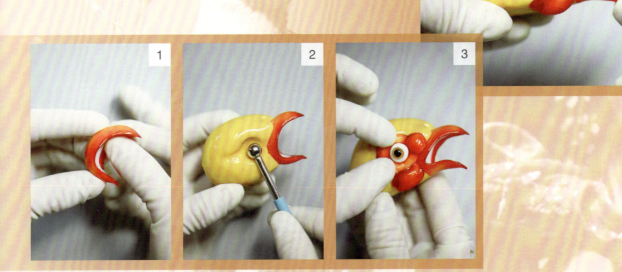

5 黑色糖体用气囊吹出鸟身体。
6 用黑色糖体贴出鸟大腿。
7 黄色糖体用气囊吹出无花果，再用喷笔喷上颜色。
8 用捻花刀塑出树洞。
9 用月球模压出树干纹路。
10 比一下鸟的位置，把鸟粘上去。
11 鸟爪特写。
12 组装无花果及叶子。
13 白色糖上贴一小块红色糖。
14 把兰花花瓣镶上红色花边。
15 用镊子组装尾羽。
16 作品特写。

Youran Zide

Youran Zide

1 黄色糖体灌入小球模具中，凉后取出。

2 黄色糖体灌入9洞的球模具中，凉后取出。

3 先用胶皮做出不同大小的模具，然后将不同颜色的糖体灌入相应的模具中。

4 将糖粉用擀面杖擀薄。

5 将擀薄的糖粉放入荷叶模具中按压取出。

6 用桃花棒捻出荷叶边缘的起伏形状。

7 用阴阳磙捻出荷叶中间的窝度。

8 黄色糖体用气囊吹个圆球，再用桃花棒塑出金鱼的肚子与尾巴的窝处。

9 用黄色糖体拉出小片，粘贴在嘴巴处并塑好嘴巴。

10 用弧形刀塑出金鱼头上的大小包。

11 做好的眼睛粘贴在头上。

12 黄色糖体拉出背鳍的形状，放入背鳍模具中按压取出。

13 金鱼的尾鳍放入鱼尾鳍模具中按压取出，趁热弯曲好形状。

14 拉好的鱼鳞片由尾巴到头依次粘贴在鱼身上。

15 吹个大小合适的气球固定好，将熬好的黄绿色糖体均匀地淋在气球上，注意温度，糖丝要淋均匀。

16 用小毛刷在球体上刷上一层淡淡的金粉。

17 用黄色糖体打气吹出荷叶的梗，与底座粘接在一起。

18 将做好的花粘接在花梗上。

19 将做好的荷叶与花梗粘接上。

20 作品局部特写。

中国龙

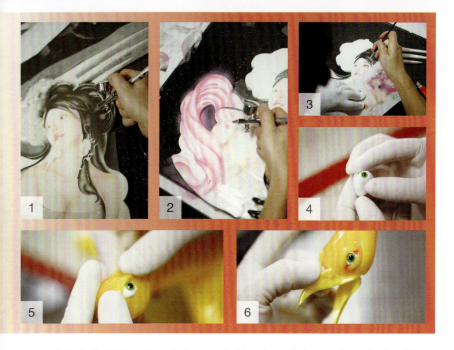

> **糖王周毅 温馨提示**
> 绵白糖熬制的糖体通常都带有微黄色,我们虽然可以使用酒石酸调节糖体的颜色使其清澈,但还是会有点焦糖色。我们正好可以利用绵白糖的焦糖色,调出红、黄、咖啡、草绿及橘红等暖色调的颜色,呈现出唯美轻柔感。

1. 将人物的面部喷上肉色,肉色用白色、黄色、红色、咖啡色调配。用黑色素喷出人物的发丝。
2. 将飘带喷上粉红色。
3. 用沾有黑色素的毛笔勾勒出人物的五官。
4. 用白色糖体作底制作出凤凰眼睛。
5. 将眼睛与凤凰的头部粘接,并做出凤凰的上眼皮。
6. 给凤凰粘上嘴巴并用球刀制作出凤凰的鼻孔。
7. 用糖粉制作出香炉的大形。
8. 给凤凰的翅膀粘接上内羽。
9. 做出不同颜色的凤凰羽毛。
10. 给凤凰粘上尾羽,要有飘逸的感觉。
11. 调整角度并将翅膀粘接上去。

Yuhuo Chongsheng

> **糖王周毅 温馨提示**
> 拉制缎带时越硬的糖体拉出来的缎带光泽就越好。拉制缎带时使用珍珠糖,在熬糖时可以将糖体的温度提高,温度越高的糖体拉制时就越硬,光泽也就越好,最佳温度是185°左右。用珍珠糖熬制缎带糖体时可加入麦芽糖浆,这样可以增加糖的硬度。

Yulan Kongque

Yulan Kongque

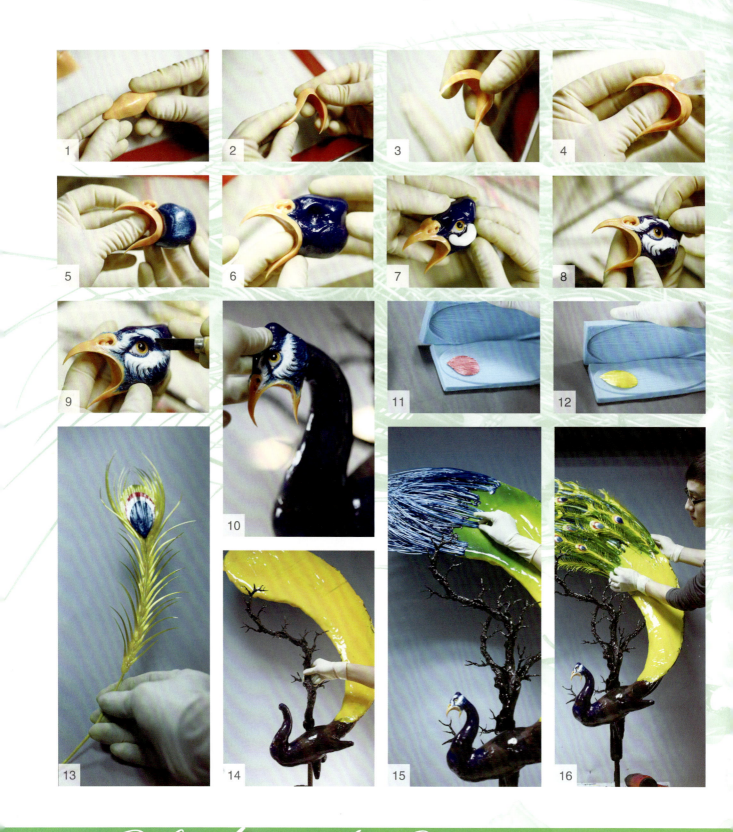

Yulan Kongque

Yulan Kongque

17

19

21

23

18

20

22

24

1 将咖啡色糖体拉出菱形，中间厚边缘薄。
2 将菱形的糖体弯曲成孔雀嘴巴的形状。
3 嘴尖部位烘烤一下拉尖。
4 用弧形刀将嘴巴上面的鼻翼塑出。
5 将做好的嘴巴与孔雀头部粘接在一起。
6 用球刀将孔雀的眼睛定出，嘴巴与头部的粘接处塑好。
7 用白色糖体拉出相应大小的糖条，粘贴在眼睛的下方塑出毛胚。
8 用白色糖体拉出相应大小的糖条，粘贴在眼睛的上方塑出毛胚。
9 用拉线刀拉出孔雀头上的毛发。
10 孔雀头与身子粘接好。
11 用红色糖体拉出薄片，放在蝴蝶兰叶模中按压取出。
12 用黄色糖体拉出薄片，放在蝴蝶兰叶模中按压取出。
13 孔雀尾毛特写。
14 塑好的树枝粘接在支架上。
15 将蓝色糖体拉长丝，均匀地粘贴在尾巴上。
16 做好的孔雀尾毛粘接在尾巴上。
17 做孔雀尾毛时由蓝色慢慢渐变成黄色，丝由长到短。
18 用黄色糖体拉出大尾巴侧方羽毛，放入尾羽模具中按压取出。
19 将拉好的羽毛依次粘贴在孔雀尾巴上。
20 将翅膀的飞羽贴在翅膀上。
21 用肉色糖体做出孔雀的舌头粘接在口内。
22 做出底座。
23 头翎依次粘接在头上。
24 做好的玉兰花粘接在树枝上，注意花的疏密。

Yuegong

1~2 人物上半身特写。

3 腿部特写。

4 胸部特写。

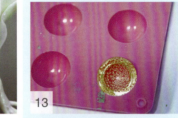

5 用大塑刀塑出人物裙子的纹理。

6 用一块淡蓝色的糖体包裹住手臂，塑出衣纹。

7 塑出右手的衣纹，要有飘逸感。

8~10 给人物化妆。

11 月宫喷画。

12~14 配件制作。

15 梅花制作。

16 飘带制作。

周毅厨乐购商城

糖艺设备 — 中国区酒店供应商
服务中国大厨

进口糖艺不粘垫
- 30厘米×40厘米 45元
- 40厘米×50厘米 78元
- 40厘米×60厘米 108元
- 50厘米×60厘米 138元

糖艺模具
- 1洞14厘米 380元
- 1洞12厘米 320元
- 1洞9厘米 240元
- 2洞7厘米 220元
- 3洞5厘米 220元
- 4洞4厘米 220元
- 9洞3厘米 200元
- 24洞2厘米 120元

糖艺刀系列
- 30元/套
- 60元/套
- 100元/套

艾素糖醇
法国进口艾素糖 糖艺专用糖醇
(1000克一袋试用装)
不吸潮、不融合、不翻砂、光泽靓丽、可反复使用、可塑性极强
零售价: 20元/500克 绝不掺假
25千克起 18元/500克

糖艺专用色素 28元/瓶

糖艺专用手套 5元/双 200元/50双

糖艺写实塑刀 68元

糖王专用刀 30元/把

温度计系列 30元 / 40元 / 50元

蝴蝶、蜻蜓浇铸模具
蝴蝶浇铸模具 E301系列 260元
E302系列 160元

热带鱼模具 60元/张

牡丹花叶模	荷花花模 4对	百合花瓣叶模	睡莲模(大小不同3对)	支架条	松塔叶模	花叶模具
E331 60元	E339 60元	E379 60元	E310 40元	50元/条	E22 30元	E501 30元

花叶模具	梅花模具	花叶模具	花叶模具	花叶模具	花叶模具	花叶模具
E502 20元	E503 20元	E504 30元	E505 25元	E05 25元	E506 25元	E26 30元

喇叭花模	花叶模具	花叶模具	花叶模具	花叶模具	荷叶模具	大红掌模
E8 25元	E507 15元	E508 25元	E36 25元	E509 30元	E510 30元	E82 60元

花叶模具	花叶模具	花叶模具	花叶模具	红掌模具	花叶模具	花叶模具
E305 25元	E304 25元	E308 30元	E303 25元	E307 15元	E306 30元	E93 60元

周毅雕刻网址 http://www.ynspdk.com 淘宝网站 http://ynspdk.taobao.com
培训技术咨询电话: 186 6220 1966
工具购买咨询电话: 136 2528 1829 / 189 6213 1413

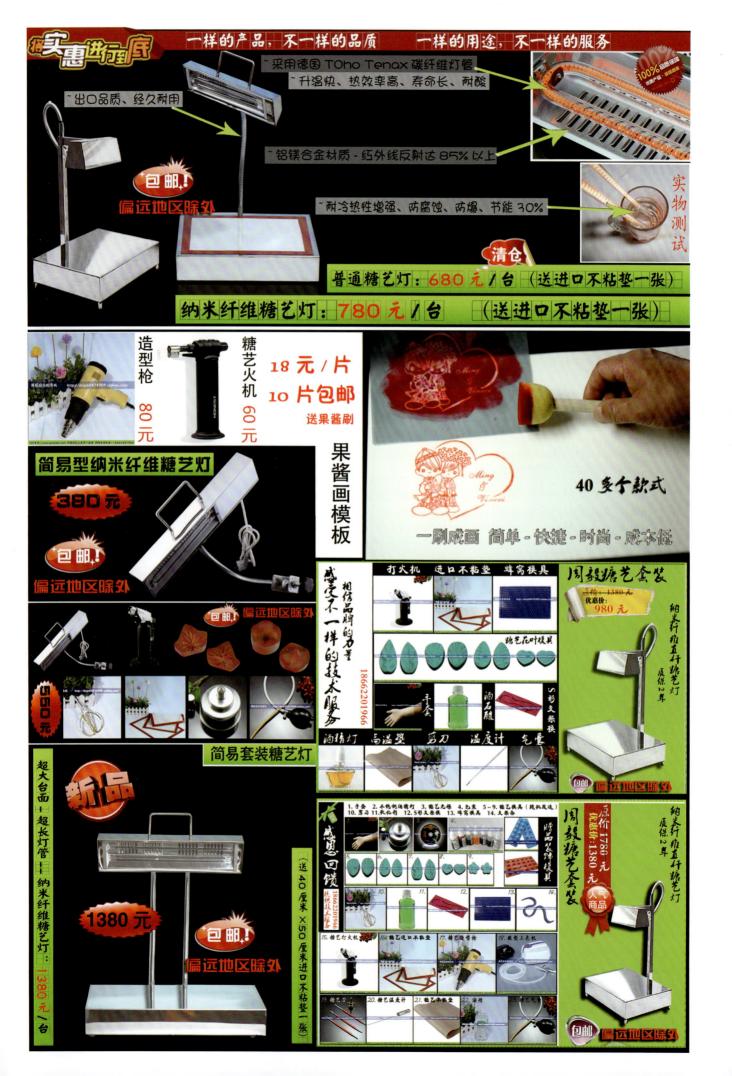

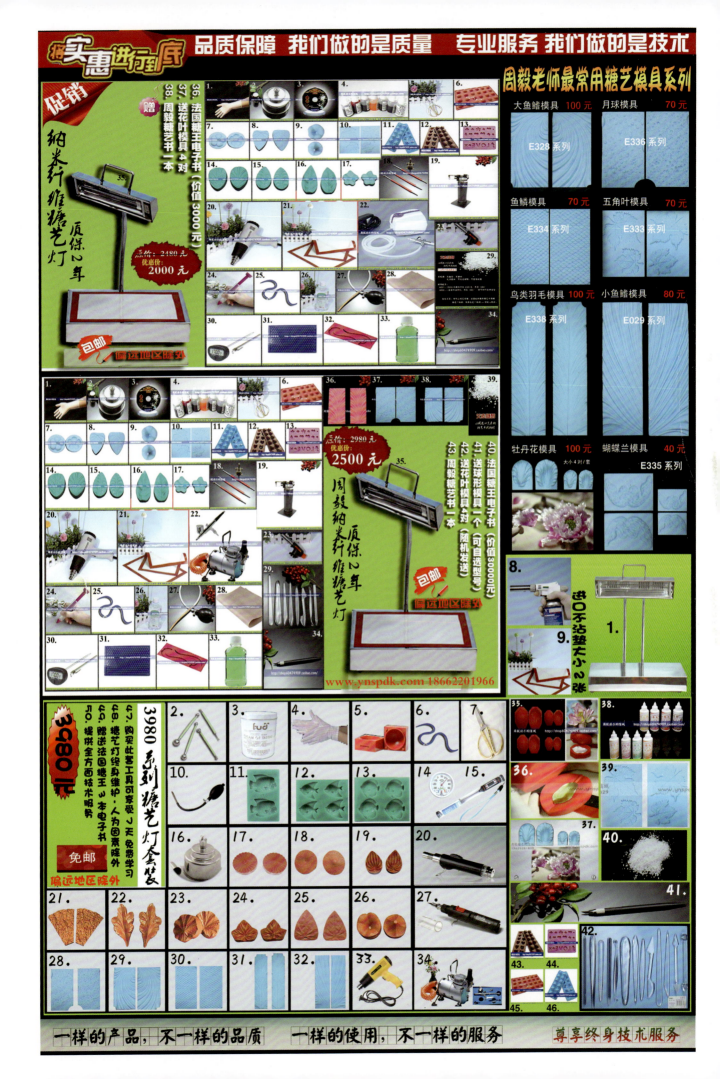

苗寨龙珠

Miaozhai Longzhu

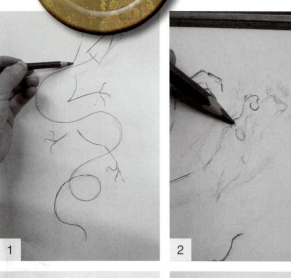
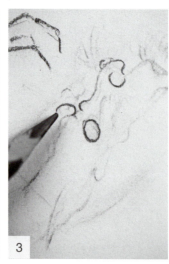
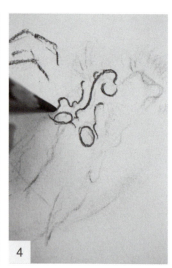
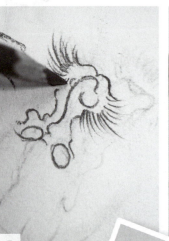
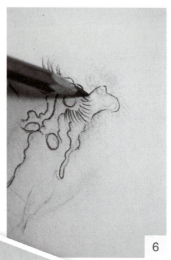

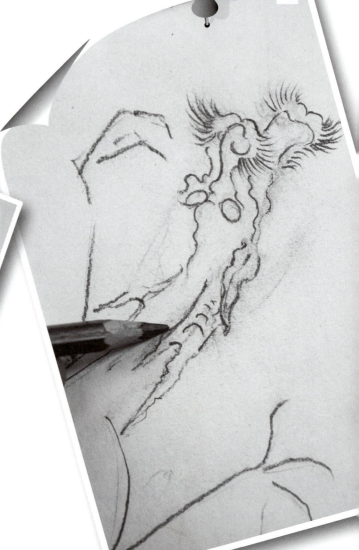

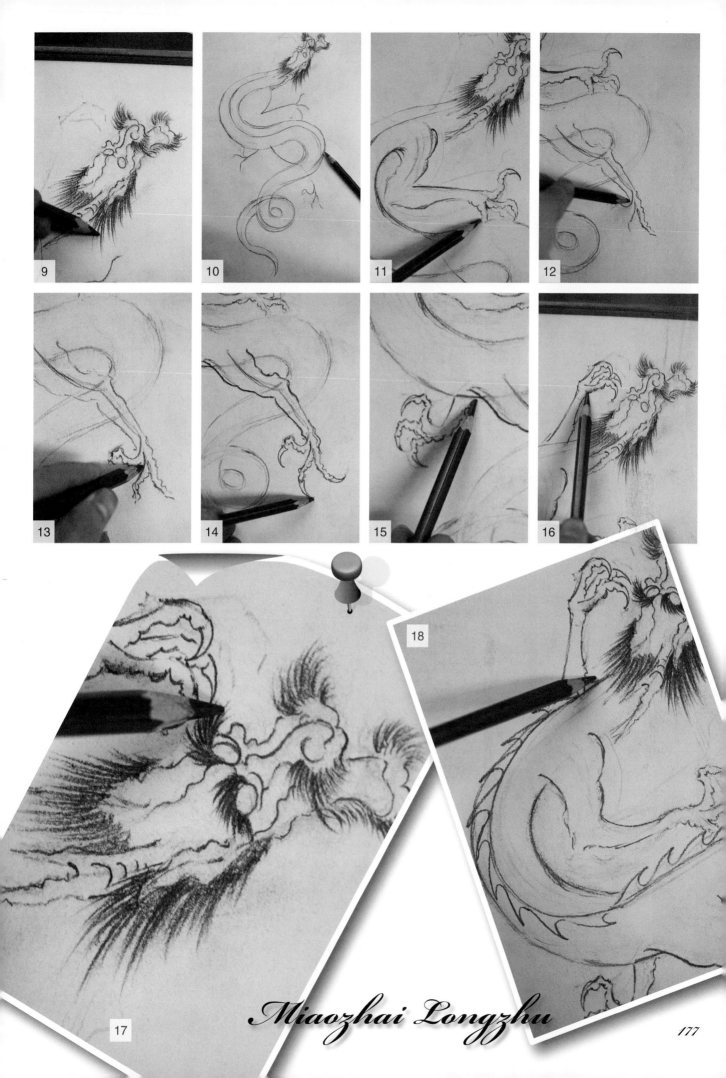

Miaozhai Longzhu

Yuhuo chongsheng 浴火重生

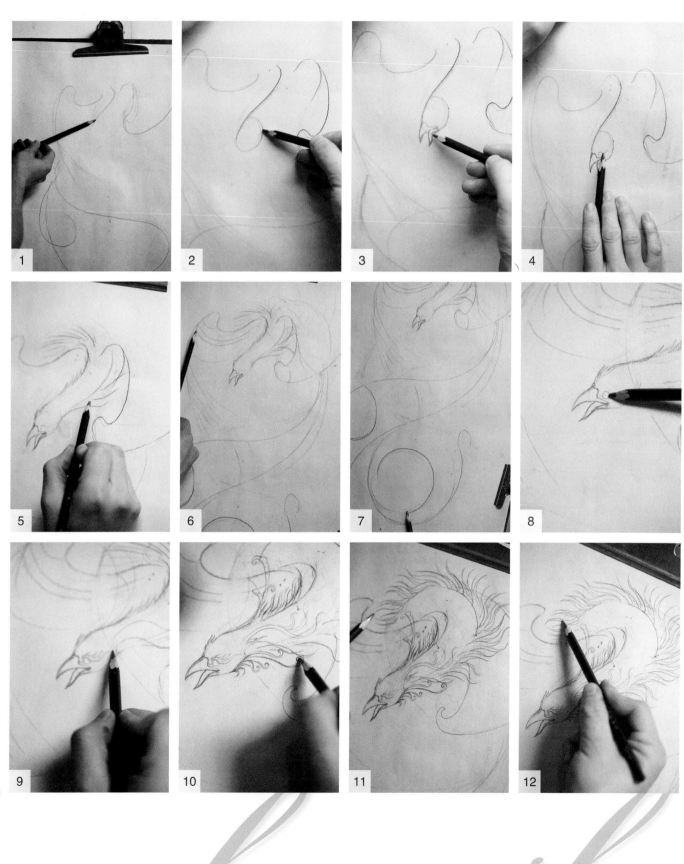

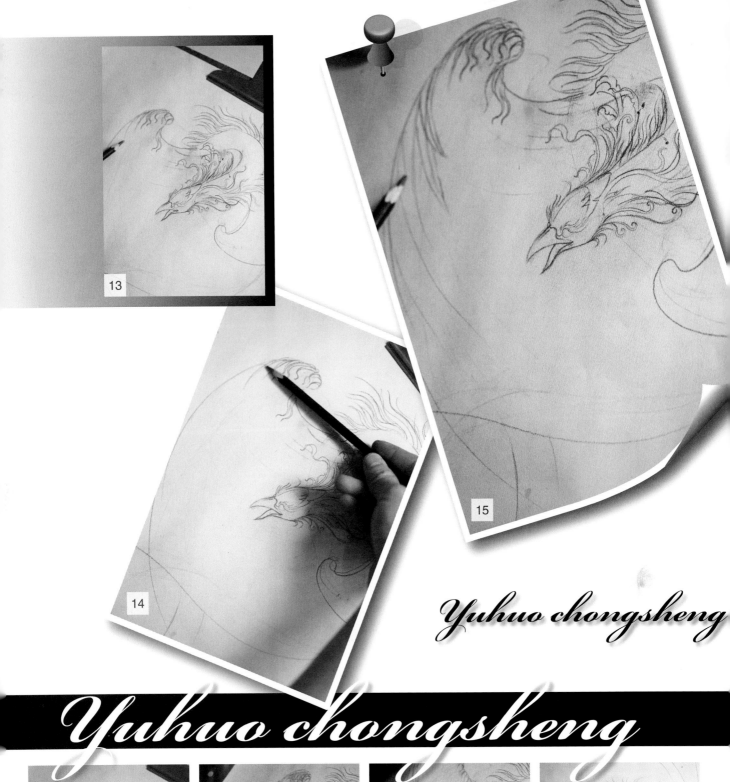

Yuhuo chongsheng

Yuhuo chongsheng

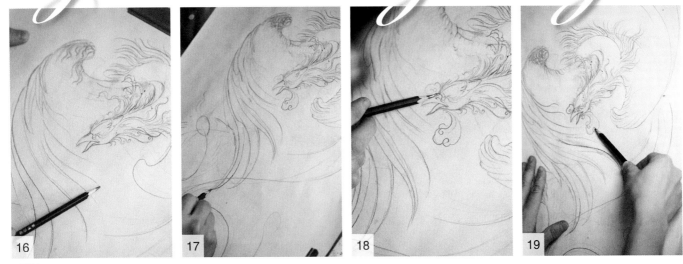

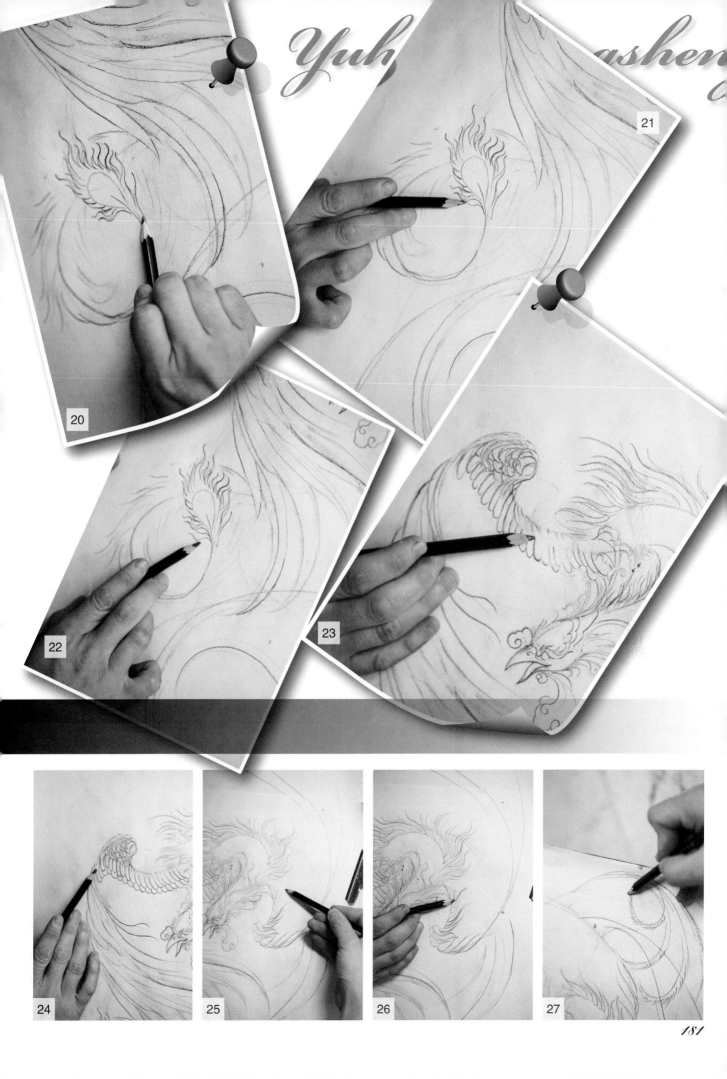

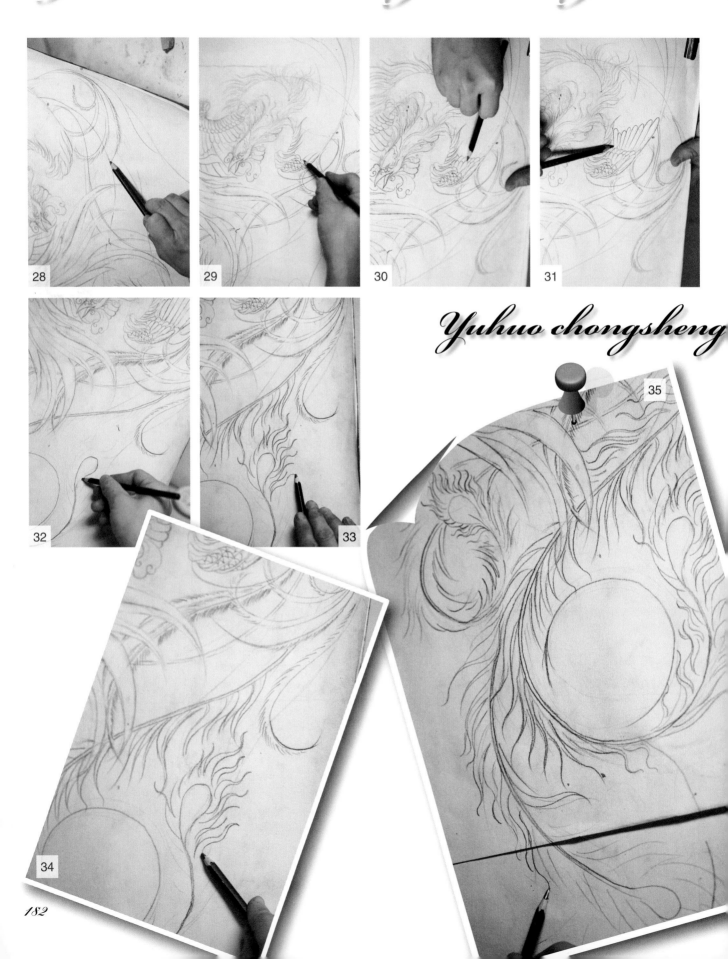

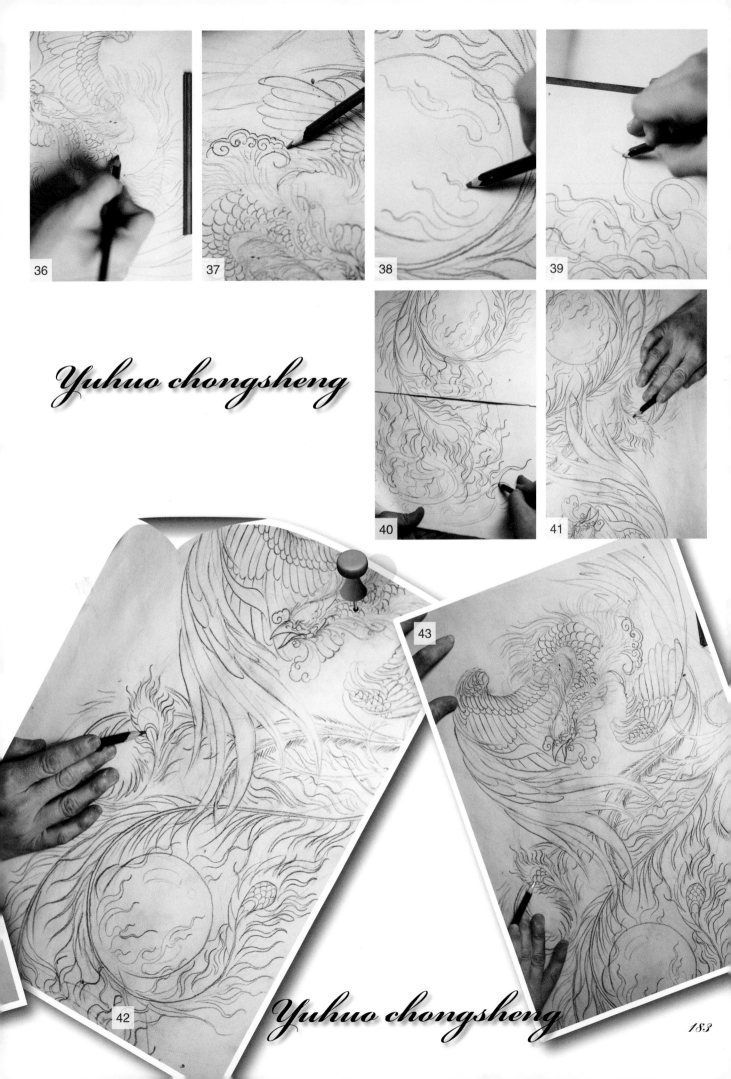

Yuhuo chongsheng

Yuhuo chongsheng

Yuhuo chongsheng

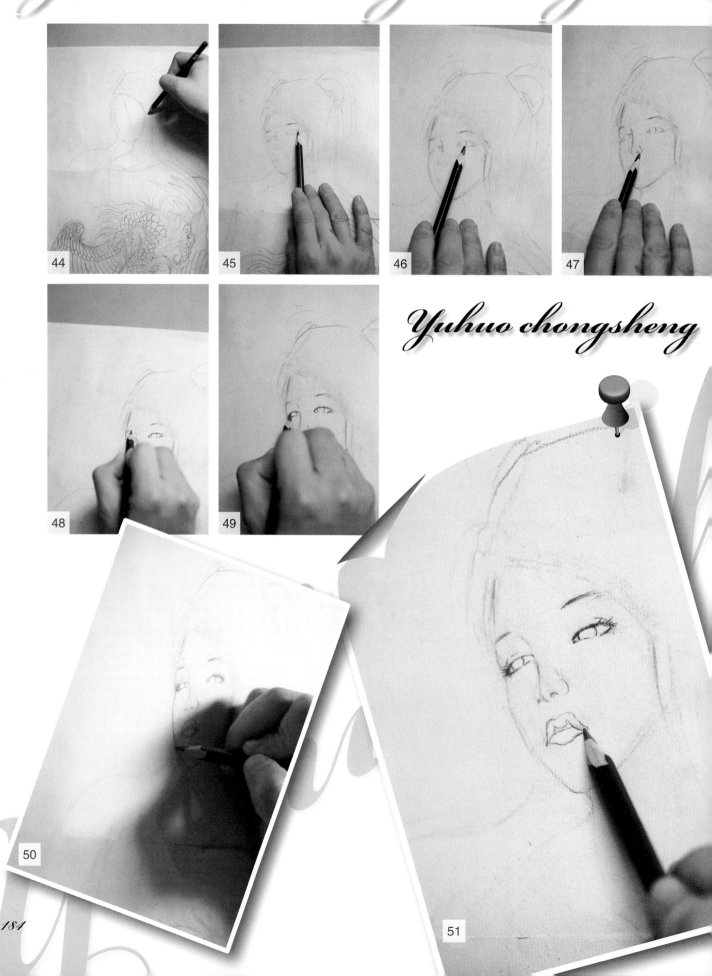

Yuhuo chongsheng

Yuhuo chongsheng

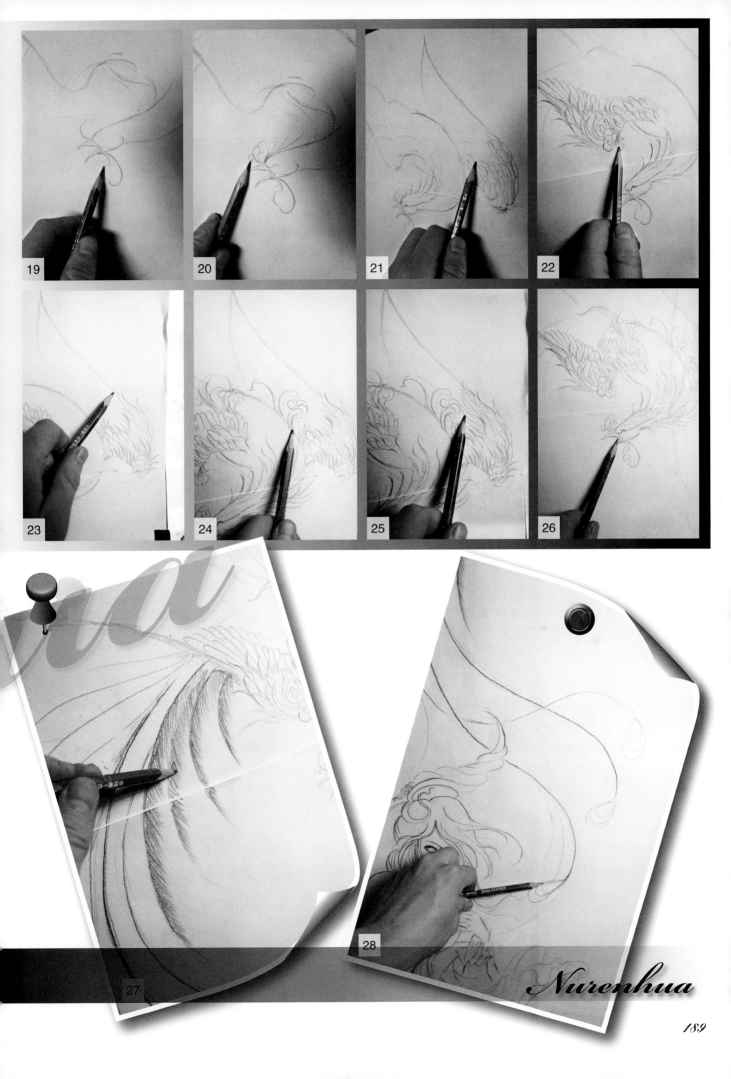

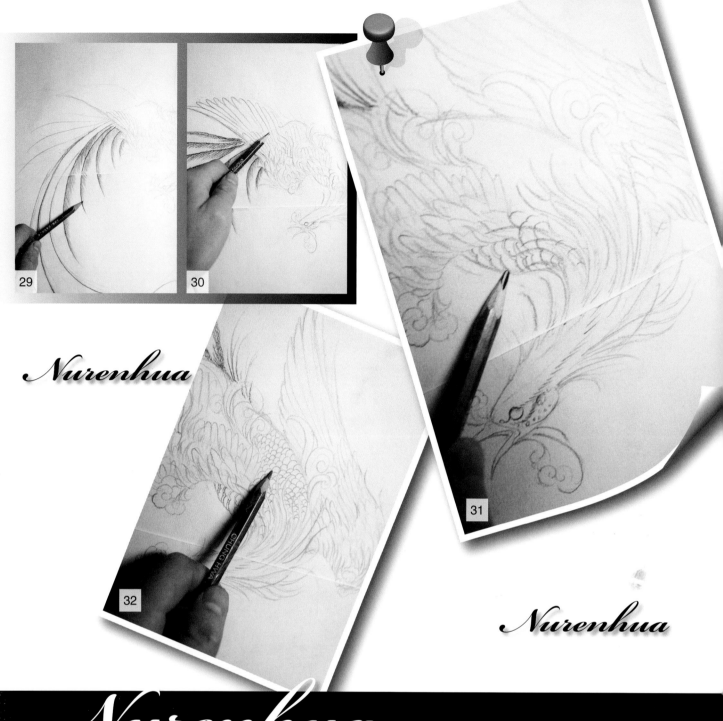

Nurenhua

Nurenhua

Nurenhua

Nurenhua

图书在版编目（CIP）数据

周毅食品雕刻. 糖艺篇 / 周毅主编. -- 北京：中国纺织出版社，2013.5（2025.2重印）

（周毅食品雕刻系列）

ISBN 978-7-5064-9655-1

Ⅰ.①周… Ⅱ.①周… Ⅲ.①食糖－食品雕刻－雕塑技法 Ⅳ.①TS972.114

中国版本图书馆 CIP 数据核字（2013）第 067840 号

责任编辑：舒文慧　　责任校对：高　涵　　责任印制：储志伟

中国纺织出版社有限公司出版发行

地址：北京市朝阳区百子湾东里 A407 号楼　邮政编码：100124

销售电话：010—67004422　传真：010—87155801

http://www.c-textilep.com

中国纺织出版社天猫旗舰店

北京华联印刷有限公司印刷　各地新华书店经销

2013 年 5 月第 1 版　2025 年 2 月第 2 次印刷

开本：889×1194　1/16　印张：12

字数：142 千字　定价：68.00 元

京东工商广字 0372 号

凡购本书，如有缺页、倒页、脱页，由本社图书营销中心调换